PHP 编程基础与案例开发

刘 丽 杨 灵 主 编
刘 仁 马蓉平 孙 坤 副主编
付兴宏 主 审

北京理工大学出版社
BEIJING INSTITUTE OF TECHNOLOGY PRESS

内 容 简 介

本书系统地介绍了 PHP 程序开发的相关知识，并在实际应用中通过具体案例，使读者巩固所学知识，更好地进行开发实践。本书将教学内容划分为 11 章，内容包括 PHP 入门与开发环境搭建、PHP 开发基础、PHP 流程控制、PHP 数组、PHP 函数、正则表达式、面向对象编程、MySQL 数据库、Form 表单以及两个综合案例。

本书内容丰富、讲解深入浅出，适用于初、中级 PHP 用户，可以作为各类院校相关专业的教材，同时也是一本面向广大 PHP 爱好者的实用参考书。

图书在版编目（CIP）数据

PHP 编程基础与案例开发 / 刘丽，杨灵主编. —北京：北京理工大学出版社，2018.8
ISBN 978-7-5682-6085-5

Ⅰ. ①P… Ⅱ. ①刘… ②杨… Ⅲ. ①PHP 语言–程序设计–教材 Ⅳ. ①TP312.8

中国版本图书馆 CIP 数据核字（2018）第 184867 号

出版发行 / 北京理工大学出版社有限责任公司
社　　址 / 北京市海淀区中关村南大街 5 号
邮　　编 / 100081
电　　话 / （010）68914775（总编室）
　　　　　 （010）82562903（教材售后服务热线）
　　　　　 （010）68948351（其他图书服务热线）
网　　址 / http://www.bitpress.com.cn
经　　销 / 全国各地新华书店
印　　刷 / 三河市天利华印刷装订有限公司
开　　本 / 787 毫米×1092 毫米　1/16
印　　张 / 18.5
字　　数 / 430 千字
版　　次 / 2018 年 8 月第 1 版　2018 年 8 月第 1 次印刷
定　　价 / 69.00 元

责任编辑 / 王玲玲
文案编辑 / 王玲玲
责任校对 / 周瑞红
责任印制 / 施胜娟

前　　言

PHP 作为非常优秀的、简便的 Web 开发语言，满足了最新的互动式网络开发的应用，PHP 开源技术正在成为网络应用的主流。目前，大多数计算机专业和企业都将 PHP 作为主要的学习内容之一，但市场上介绍 PHP 的计算机图书还比较少，初学者对于 PHP 开发环境、实际应用都不了解，因此急需一本可以兼顾基础知识和案例教程的书作为引导，让初学者能够从起步到应用形成递进式学习。

本书分为基础知识篇和案例应用篇，共 11 章。第 1～9 章为基础知识篇，主要介绍 PHP 开发的基础知识。具体包括 PHP 入门与开发环境搭建、PHP 语法基础、PHP 流程控制、PHP 数组、PHP 函数、正则表达式、面向对象编程、MySQL 数据库技术和 Form 表单；第 10 章和第 11 章为案例应用篇，主要阐述 PHP 综合项目开发，具体包括在线考试系统和商城购物系统的开发。通过具体案例，使学生巩固数据库、网页制作等专业知识，更好地进行开发实践。

本书在教学使用过程中，建议课堂教学 64 学时。各章主要内容和建议学时分配如下：

序号	项目/模块名称	学时
1	PHP 入门与开发环境搭建	4
2	PHP 开发基础	5
3	PHP 流程控制	8
4	PHP 数组	5
5	PHP 函数	4
6	正则表达式	4
7	面向对象编程	6
8	MySQL 数据库	8
9	Form 表单	8
10	综合案例——商城购物系统	5
11	综合案例——网络考试系统	5
12	复习	2
课时总计		64

本书由刘丽、杨灵任主编，刘仁、马蓉平、孙坤任副主编。付兴宏任主审。其中，刘丽编写第 1、2 和 10 章，杨灵编写第 3、4 章，刘仁编写第 5、6 和 9 章，马蓉平编写第 7、11

章，孙坤编写第 8 章。

由于作者水平所限，书中疏漏之处在所难免，恳请广大读者提出宝贵意见，以便我们在下一个版本中修订改进。

编　者

PHP 编程基础与案例开发课程标准

一、课程基本信息

课程名称	PHP 编程基础与案例开发	课　　时	64
适用专业	计算机相关专业	先修课程	C 语言程序设计 MySQL 数据库
课程代码	310604015	后续课程	软件测试
编制人	刘丽	制定日期	2017 年 10 月

二、课程概述

1. 课程性质

"PHP 编程基础与案例开发"课程是一门重要的专业课程，也是一门实践性很强的课程。课程主要讲解 PHP 的相关知识及 PHP 在 Web 应用程序开发中的实际应用，通过具体案例，使学生巩固数据库、网页制作等专业知识，更好地进行开发实践。

2. 课程作用

本课程在专业人才培养过程中的地位与作用具体体现在：课程符合高技能人才培养目标和专业相关技术领域职业岗位（群）的任职要求；本课程对学生职业能力培养和职业素养养成起主要的支撑或明显的促进作用。

通过本课程的理论和实践教学，使学生较好地掌握 PHP 各方面的知识，掌握基本的网站设计技巧，具备一定的网站编程能力，并能较熟练地在 Windows 和 Linux 环境下应用 PHP 进行网站的编程。

3. 课程的设计思路

本课程立足于培养学生的动手实践能力，教学活动基本上围绕着职业导向而进行，对课程内容的选择标准进行创造性的根本改革，打破以书本知识传授为主要特征的传统学科课程模式，转变为以"理论与实践"与"线上线下"相结合的教学模式改革，以真实项目为导向组织课程内容和实施课程教学，让学生在完成具体项目的过程中发展职业能力并掌握相关理论知识，真正做到学以致用，从而发展职业能力。

三、课程目标

1. 知识目标

（1）了解 PHP 的特征及功能，掌握 PHP 的基础知识和核心技术。

（2）掌握 PHP 的开发环境与关键配置。

（3）熟练掌握 PHP 脚本元素的用法。

（4）熟练掌握 PHP 控制结构（选择分支和循环语句）的使用。

（5）熟练掌握 PHP 内置对象的特点及用法。

（6）掌握 PHP 中 Session 会话中 Cookie 对象的使用。

（7）熟练掌握访问数据库技术、数据库查询和更新语句的使用。

（8）能实现 Web 应用程序的登录功能、注册功能、查询功能和分页功能。

2．能力目标

（1）能够熟练使用编辑工具管理和设计页面。

（2）能够在 MySQL 数据库管理系统中建库建表。

（3）能够利用动态网页技术实现基本的交互应用。

（4）能够在网站中实现对文件处理与文件的上传下载。

（5）能够在网站中用多种方式显示数据，并实现数据的增、删、查、改。

（6）具有对 PHP 源实例代码的剖析能力。

（7）会使用 PHP 进行简单的 Web 网站的开发。

3．素质目标

（1）按时、守时的软件交付观念。

（2）规范、优化的程序代码。

（3）自主、开放的学习能力。

（4）业务逻辑分析能力。

（5）良好的自我表现、与人沟通能力。

（6）良好的团队合作精神。

四、课程内容设计

序号	项目/模块名称	任务/单元编号、名称	教学目标（含知识、能力、素质等）	教学方法、手段	学时
1	PHP 入门与开发环境搭建	1.1　PHP 概况	了解 PHP 的定义、优势及应用领域、内嵌式脚本语言	讲授多媒体	4
		1.2　PHP 开发环境搭建	掌握在 Windows 中安装、配置 PHP 开发环境及运行环境	讲授+操作多媒体	
		1.3　综合案例　第一个 PHP 程序	通过学习，学生可以了解 PHP 程序的工作流程，并可以编写、运行简单的 PHP 程序	讲授+操作多媒体	
2	PHP 开发基础	2.1　PHP 代码基本语法	了解 PHP 代码基本语法及基本的编码规范	讲授+操作多媒体	5
		2.2　PHP 数据类型	掌握 PHP 数据、PHP 数据类型	讲授+操作多媒体	
		2.3　常量与变量	掌握什么是常量和变量	讲授+操作多媒体	
		2.4　PHP 运算符及表达式	掌握运算符和表达式	讲授+操作多媒体	
		2.5　PHP 数据的输出	掌握常用的输出语句和输出运算符	讲授+操作多媒体	
3	PHP 流程控制	3.1　条件控制语句	掌握 if…else…语句、switch 语句	讲授+操作多媒体	8
		3.2　循环语句	掌握 while 语句、do…while 语句、for 语句	讲授+操作多媒体	

序号	项目/模块名称	任务/单元编号、名称	教学目标（含知识、能力、素质等）	教学方法、手段	学时
3	PHP 流程控制	3.3 跳转语句	掌握 break 语句、continue 语句、exit 语句	讲授+操作 多媒体	8
		3.4 循环结构应用	通过经典数学题型，练习 3 种循环语句		
		3.5 综合案例	通过学习，学生可以了解条件控制结构、循环结构及程序跳转和终止语句 3 种类型的 PHP 流程控制语句	讲授+操作 多媒体	
4	PHP 数组	4.1 数组	了解数组的概念，掌握一维数组的定义、创建及初始化	讲授多媒体	5
		4.2 二维数组	掌握二维数组的定义、创建及初始化	讲授+操作 多媒体	
		4.3 数组操作函数	掌握数组的常用处理函数	讲授+操作 多媒体	
		4.4 数组的应用	掌握数组的遍历的各种方法	讲授+操作 多媒体	
		4.5 综合案例	通过学习能定义和在网页中输出数组	讲授+操作 多媒体	
5	PHP 函数	5.1 函数	了解函数的定义、返回值	讲授多媒体	4
		5.2 函数的调用	掌握 PHP 变量函数、字符串函数、日期时间函数、数学函数及文件系统函数的使用方法	讲授+操作 多媒体	
		5.3 PHP 函数库	掌握 PHP 常用的函数库		
		5.4 综合案例	学生能运用 PHP 函数方面的知识，完成中小型 Web 应用系统中的表单验证、字符串处理等功能的程序设计	讲授+操作 多媒体	
6	正则表达式	6.1 正则表达式简介	了解正则表达式、正则表达式的语法规则、常用正则表达式	讲授多媒体	4
		6.2 模式匹配函数	PHP 正则表达式函数使用方法	讲授多媒体	
		6.3 综合案例	通过实例掌握正则表达式的语法与应用	讲授+操作 多媒体	

续表

序号	项目/模块名称	任务/单元编号、名称	教学目标（含知识、能力、素质等）	教学方法、手段	学时
7	面向对象编程	7.1　面向对象的概念	了解面向对象的定义和概念	讲授多媒体	6
		7.2　类和对象	掌握类的定义、对象的生成	讲授 多媒体	
		7.3　高级应用	掌握面向对象编程的基本技术	讲授+操作 多媒体	
		7.4　综合案例	通过具体实例，掌握面向对象程序设计的思想	讲授+操作 多媒体	
8	MySQL 数据库	8.1　数据库概述	了解数据库的基本概念、专业术语，掌握数据库设计流程	讲授+操作 多媒体	8
		8.2　MySQL 数据库设计	了解 MySQL 数据库的基本概念、启动与关闭服务器、MySQL 数据库操作管理	讲授+操作 多媒体	
		8.3　phpMyAdmin 图形管理工具	掌握 MySQL 的基本知识、PHP 函数实现、PHP 与 MySQL 数据库之间的交互过程	讲授+操作 多媒体	
		8.4　PHP 操作 MySQL 数据库	通过学习，学生具备简单数据库系统的设计与开发能力	讲授+操作 多媒体	
9	Form 表单	9.1　创建和编辑表单	了解表单的概念及常用表单控件	讲授+操作 多媒体	8
		9.2　在 PHP 中接收和处理表单数据	掌握表单数据的接收和处理	讲授+操作 多媒体	
		9.3　用户身份认证	能独立完成 PHP 表单编写工作	讲授+操作 多媒体	
		9.4　文件上传	掌握 GET 提交和 POST 提交方式的功能及使用	讲授+操作 多媒体	
10	综合案例	商城购物系统	通过制作商城购物系统，学习掌握网站制作的方法和技巧，包括商品的添加、购物车的管理和订单管理等	讲授+操作 多媒体	5
11	综合案例	网络考试系统	通过学习，学生能够完成整个网站的布局规划、划分不同的功能结构，然后完成网络考试系统的编程	讲授+操作 多媒体	5

五、课程实施保障

1. 教学条件

项目/模块名称	仪器设备名称	功能要求
开发环境搭建	计算机	能搭建开发环境并输出调试函数
PHP 开发基本语法	计算机	能熟练掌握语法结构、标识符
流程控制	计算机	掌握 IF 条件语句、分支语句、循环语句
数组	计算机	掌握数组的定义及存取值操作
函数	计算机	掌握函数的定义与调用、传值
正则表达式	计算机	掌握正则表达式的语法规则、正则表达式验证表单
面向对象编程	计算机	掌握面向对象程序设计的思想
MySQL 数据库	计算机	掌握 MySQL 数据库连接、数据存取方法
Form 表单	计算机	掌握 Session 与 Cookies 会话对象；掌握表单数据提取方式
投票管理系统	计算机	掌握网站制作的方法和技巧，包括投票活动的发布、投票活动选项的添加、用户投票的提交计算和最终显示
用 PHP 开发的网络考试系统	计算机	掌握网站的布局规划，划分不同的功能结构，然后完成网络考试系统的编程

本课程要求在理论实践一体化教室（多媒体机房）完成，以实现"教、学、做"三位合一，同时要求安装多媒体教学软件，方便下发教学任务和收集学生课堂实践任务。

2. 课程资源的开发与利用

（1）教学软件

Apache、PHP、MySQL、WampServer。

（2）主要参考网站

网易云课堂 http://study.163.com/category/php?utm_source=baidu&utm。

PHP 学习网 http://www.phpxuexi.com/。

3. 课程考核与评价

（1）考核方式

教学考核与评价是为了全面了解学生的学习历程，激励学生的学习和改进教师的教学，把学生在活动、实验、制作、探究等方面的表现纳入评价范围，对学生必须具备的知识、能力、素质做出评定。建议采取过程考核与终结考核评价相结合的办法来操作。

（2）评价考核标准

本课程为考试课程，期末考试采用百分制的闭卷考试模式。学生的考试成绩由平时成绩（20%）、动手操作（40%）和期末考试（40%）组成，其中，平时成绩包括出勤（5%）、课前预习（5%）、课堂提问（5%）、作业（5%）。

目　　录

第 1 章
PHP 入门与开发环境搭建

 知识要点：

- PHP 概述
- PHP 开发环境
- PHP 运行的原理
- 常用代码编辑工具

 本章导读：

PHP 是一种服务器端的，嵌入 HTML 的脚本语言。本章将简单地介绍 PHP 语言、PHP 的开发环境及其配置，为了让读者对 PHP 语言有一个快速的认识，编者在最后通过一个小程序让读者了解 PHP 程序的工作流程。通过本章的学习，读者可以编写、运行简单的 PHP 程序。

1.1 PHP 概 况

PHP 是一种 HTML 内嵌式的语言，PHP 与微软的 ASP 颇有几分相似，都是一种在服务器端执行的嵌入 HTML（标准通用标记语言下的一个应用）文档的脚本语言，语言的风格类似于 C 语言，现在被很多的网站编程人员广泛运用。

PHP 概况

1.1.1 PHP 定义

PHP（Hypertext Preprocessor，超文本预处理器）是一种通用开源脚本语言。语法吸收了 C 语言、Java 和 Perl 的特点，利于学习，使用广泛，主要适用于 Web 开发领域。PHP 独特的语法混合了 C、Java、Perl 及 PHP 自创的语法。它可以比 CGI 或者 Perl 更快速地执行动态网页。用 PHP 做出的动态页面与其他的编程语言相比，PHP 是将程序嵌入 HTML 文档中去执行，执行效率比完全生成 HTML 标记的 CGI 要高许多；PHP 还可以执行编译后的代码，编译可以实现加密和优化代码运行，使代码运行更快。

PHP 最初是 1994 年 Rasmus Lerdorf 创建的，刚开始只是一个简单的用 Perl 语言编写的程序，用来统计他自己网站的访问者。后来又用 C 语言重新编写，可以访问数据库。1995 年，Personal HomePage Tools（PHP Tools）开始对外发表第一个版本，Lerdorf 写了一些介绍此程序的文档，并且发布了 PHP 1.0。在这早期的版本中，提供了访客留言本、访客计数器等简单的功能。以后越来越多的网站使用了 PHP，并且强烈要求增加一些特性，比如循环语句和数组变量等，在新的成员加入开发行列之后，PHP 2.0 也于 1995 年发布了。第二版定名为 PHP/FI（Form Interpreter）。PHP/FI 加入了对 mSQL 的支持，从此建立了 PHP 在动态网页开发上的地位。到了 1996 年年底，有 15 000 个网站使用 PHP/FI；至 1997 年，使用 PHP/FI 的网站超过 5 万个。

在 1997 年，任职于 Technion IIT 公司的两个以色列程序设计师 Zeev Suraski 和 Andi Gutmans，重写了 PHP 的语法分析器，其成为 PHP 3 的基础，而 PHP 也在这个时候改称为 PHP：Hypertext Preprocessor。经过几个月测试，开发团队在 1997 年 11 月释出了 PHP/FI 2，随后开始 PHP 3 的开放测试，最后在 1998 年 6 月正式释出 PHP 3。Zeev Suraski 和 Andi Gutmans 在 PHP 3 释出后开始改写 PHP 的核心，这个在 1999 年释出的语法分析器称为 Zend Engine。Zeev Suraski 和 Andi Gutmans 及以色列的 Ramat Gan 成立了 Zend Technologies 来管理 PHP 的开发。

2000 年 5 月 22 日，以 Zend Engine 1.0 为基础的 PHP 4 正式释出。2004 年 7 月 13 日释出了 PHP 5，PHP 5 使用了第二代的 Zend Engine。PHP 包含了许多新特色，如强化的面向对象功能、引入 PDO（PHP Data Objects，一个存取数据库的延伸函数库），以及许多效能上的增强。

2008 年，PHP 5 成了 PHP 唯一维护中的稳定版本。之后的 PHP 5.3 版本中也加入了 Late static binding 和一些其他的功能强化。

现在官方发布的最新版本是 PHP 7.2，而 PHP 6 版本被跳过，直接迎来了 PHP 7。PHP 7 要打破一切。PHP 开发人员应该接受打破版本之间向下兼容的定律。只要不允许大量地向后兼容，PHP 7 将是一个被高度尊重的语言。

1.1.2 PHP 的优势和特点

PHP 起源于自由软件，即开放源代码软件，使用 PHP 进行 Web 应用程序的开发具有以下优势：

① 开放的源代码：所有的 PHP 源代码事实上都可以得到。

② PHP 是免费的：和其他技术相比，PHP 本身免费。

③ PHP 的快捷性：程序开发快，运行快，技术本身学习快。

④ 嵌入于 HTML：因为 PHP 可以嵌入于 HTML 语言，它相对于其他语言来说，编辑简单，实用性强，更适合初学者。

⑤ 跨平台性强：由于 PHP 是运行在服务器端的脚本，可以运行在 UNIX、Linux、Windows 下。

⑥ 效率高：PHP 消耗相当少的系统资源。

⑦ 图像处理：用 PHP 动态创建图像。

⑧ 面向对象：在 PHP 4、PHP 5 中，面向对象方面都有了很大的改进，现在 PHP 完全可以用来开发大型商业程序。

⑨ 专业专注：PHP 以支持脚本语言为主，为类 C 语言。

PHP 能运行在包括 Windows、Linux 等在内的绝大多数操作系统环境中，常与免费 Web 服务器软件 Apache 和免费数据库 MySQL 配合使用于 Linux 平台上，具有最高的应用价值。这 3 种技术的结合号称 "黄金组合"。PHP 语言主要有以下特点：

（1）速度快

PHP 是一种强大的 CGI 脚本语言，是混合了 C、Java、Perl 和 PHP 式的新语法，执行网页速度比 CGI、Perl 和 ASP 的更快，这是它的第一个突出的特点。

（2）实用

由于 PHP 是一种面向对象的、完全跨平台的新型 Web 开发语言，所以，无论是从开发者角度考虑，还是从经济角度考虑，都是非常实用的。PHP 语法结构简单，易于入门，很多功能只需一个函数就可以实现，并且很多机构都相继推出了用于开发 PHP 的 IDE 工具。

（3）功能强大

PHP 在 Web 项目开发过程中具有极强大的功能，并且实现相对简单，主要表现在如下几点：

① 可操纵多种主流与非主流的数据库，例如：MySQL、Aeeess、SQLServer、Oracle、DBZ 等，PHP 与 MySQL 是现在最佳的组合，可以跨平台运行。

② 可与轻量级目录访问协议进行信息置换。

③ 可与多种协议进行通信，包括 IMAp、POP3、SMTp、SOAp 和 DNS 等。

④ 使用基于 POSIx 和 Perl 的正则表达式库解析复杂字符串。

⑤ 可以实现对 XML 文档进行有效管理及创建和调用 Web 服务等操作。

（4）可选择

PHP 可以采用面向过程和面向对象两种开发模式，开发人员可以从所开发网站的规模和日后维护等多角度考虑，以选择所开发网站应采取的模式。PHP 进行 Web 开发过程中，使用最多的是 MySQL 数据库。PHP 5.0 以上版本中不仅提供了早期 MySQL 数据库操纵函数，而且提供了 MySQL 扩展技术对 MySQL 数据库的操纵，这样开发人员可以从稳定性和执行效率等方面考虑操纵 MySQL 数据库的方式。PHP 的大多数功能可以通过多种方法实现，开发人员可以根据自身知识掌握的熟练程度进行择优选取。

（5）成本低

PHP 具有很好的开放和可扩展，属于自由软件，源代码完全公开，任何程序员为 PHP 扩展附加功能都非常容易。在很多网站上都可以下载到最新版本的 PHP。目前，PHP 主要是基于服务器运行的，支持 PHP 脚本运行的服务器有多种，最有代表性的为 Apache 和 115。PHP 不受平台束缚，可以在 UNIX、Linux 等众多版本的操作系统中架设基于 PHP 的 Web 服务器。采用 Linux+Apache+PHP+MySQL 这种开源免费的框架结构可以为网站经营者节省很大一笔开支。也正是基于这种考虑，我们所开发的校园网络办公系统也采用了 Linux+Apaehe+PHP+MySQL 这种开源免费的框架结构。

（6）版本更新速度快

与数年才更新一次的 ASP 相比，PHP 的更新速度要快得多，PHP 每几周就更新一次。

（7）功能全面

PHP 开发特性包括面向对象的设计、结构化的特性、数据库的处理、网络接口应用、安全编码机制等，几乎涵盖了所有网站的一切功能。考虑到 PHP 所特有的功能，再与 ASP 和 JSP 做了一下比较，因此，在整个校园网络办公系统的开发中，我们选择了 PHP 作为开发工具。

1.1.3　PHP 的应用领域及发展趋势

在互联网高速发展的今天，PHP 的应用领域可谓是非常广泛，主要包括：

① 中小型网站的开发。
② 大型网站的业务逻辑结果展示。
③ Web 办公管理系统。
④ 硬件管控软件的 GUI。
⑤ 电子商务应用。
⑥ Web 应用系统开发。
⑦ 多媒体系统开发。
⑧ 企业级应用开发。

PHP 正吸引着越来越多的 Web 开发人员，它无处不在，可应用于任何地方、任何领域，并且已拥有几百万个用户，其发展速度要快于在它之前的任何一种计算机语言。PHP 能够给企业和最终用户带来无穷无尽的好处。据最新数据统计，全世界有超过 2 200 万家的网站和 1.5 万家公司在使用 PHP 语言，包括百度、雅虎、谷歌等著名的网站，也包括汉沙航空电子订票系统、德意志银行的网上银行、华尔街在线的金融信息发布系统等，甚至包括军队系统这类要求苛刻的环境。除此之外，PHP 也是企业用来构建服务导向型、创造和混合 Web 于新一代综合性商业应用的语言，其也逐渐向开源商业应用方向发展。PHP 的成功应用案例如图 1-1 所示。

图 1-1 百度网页

1.2 PHP 开发环境搭建

在开始正式学习 PHP 编程之前，先来介绍 PHP 运行环境的搭建。作为一种动态网页编程语言，要运行 PHP，必不可少的就是 Web 服务器与 PHP 解释器。除此之外，要使用 PHP 的数据库功能，还需要安装 MySQL 数据库及数据库管理工具 PHPMyadmin。

1.2.1 PHP 开发环境的安装

PHP 开发环境的搭建有两种方式：一是手工安装配置，即分别安装 PHP、Apache 和 MySQL

软件，然后通过配置，整合这 3 个软件，完成 PHP 开发环境的搭建；另一种是使用集成安装
包自动安装，就是使用当前主流的集成安装包——WampServer，实现对上述 3 个软件的自动
安装与配置。

1. 独立手工安装

一个完整的 PHP 开发环境必须包括 PHP 服务器（通常是 Apache 服务器）和 PHP 运行环
境两部分。如果需要开发基于数据库的项目，则还需要安装数据库服务器（通常简称为数据
库，尽管这种叫法并不准确）。PHP 项目的官配数据库是 MySQL。

（1）Apache HTTP Server 服务器安装与配置

Apache HTTP Server（简称 Apache）是 Apache 软件基金会管理的一个开放源代码的 Web
服务器，可以在大多数操作系统中运行，由于其多平台和安全性被广泛使用，是最流行的
Web 服务器端软件之一。

1）Apache 解压。

进入 Apache 方网站，下载 Apache 开发版文件"httpd-2.4.17-x86-vc11-r1.zip"压缩包并
解压到"D:\Apache24"，如图 1-2 所示。

图 1-2　Apache 安装包的目录结构页面

图 1-2 所示的是 Apache 的目录结构，其中 conf 和 htdocs 是需要重点关注的两个目录。
当 Apache 服务器启动后，通过浏览器访问本机时，就会看到 htdocs 目录中的网页文档。conf
是 Apache 服务器的配置目录，包括主配置文件 httpd.conf 和 extra 目录下的若干个辅助配置
文件。默认情况下，辅配置文件是不开启的。

2）配置。

在安装 Apache 前，需要先进行配置，操作步骤如下：

① 修改 ServerRoot Apache 的根路径。找到 Apache 的配置文件 conf\httpd.conf 并打开，
找到如下代码：

```
Define SRVROOT "/Apache24"
ServerRoot "${SRVROOT}"
```

将其内容修改为：

```
Define SRVROOT "/Apache24"
ServerRoot "D:/Apache24"
```

② 修改 DocumentRoot Apache 访问的主文件夹目录。找到如下代码：

```
DocumentRoot "${SRVROOT}/htdocs"
<Directory "${SRVROOT}/htdocs">
```

将其内容修改为：

```
DocumentRoot " D:/Apache24/htdocs"
<Directory " D:/Apache24/htdocs">
```

③ 修改 ScriptAlias 主文件夹目录。找到如下代码：

```
ScriptAlias /cgi-bin/ "${SRVROOT}/cgi-bin/"
```

将其内容修改为：

```
ScriptAlias /cgi-bin/ " D:/Apache24/cgi-bin/"
```

找到如下代码：

```
# "${SRVROOT}/cgi-bin" should be changed to whatever your ScriptAliased
```

将其内容修改为：

```
# " D:/Apache24/cgi-bin" should be changed to whatever your ScriptAliased
```

④ 找到 Directory 主文件夹目录。找到如下代码：

```
<Directory "${SRVROOT}/cgi-bin">
    AllowOverride None
    Options None
    Require all granted
</Directory>
```

将其内容修改为：

```
<Directory " D:/Apache24/cgi-bin">
    AllowOverride None
    Options None
    Require all granted
</Directory>
```

配置完成，保存文件 httpd.conf。

3）安装。

Apache 的安装是指将 Apache 安装为 Windows 系统的服务项，可以通过 Apache 的服务程序"httpd.exe"进行安装，操作步骤如下：

① 启动命令行工具。以管理员身份运行 cmd（一定要用管理员身份运行，否则权限不够）。

② 在命令模式下，输入如下命令进入 Apache 目录下的 bin 文件夹：

```
cd D:\Apache24\bin
```

③ 输入如下命令开始安装：

```
httpd.exe   -k install
```

安装效果如图 1-3 所示。

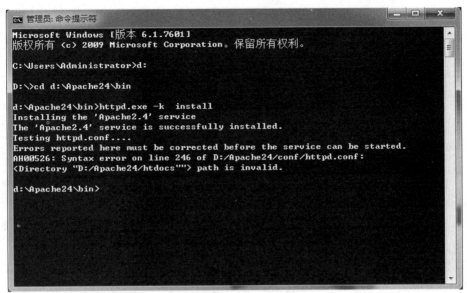

图 1-3　通过命令行安装 Apache

④ 输入如下命令卸载 Apache：

Httpd.exe –k　uninstall

卸载效果如图 1-4 所示。

图 1-4　通过命令行卸载 Apache

4）启动。

Apache 安装后，就可以作为 Windows 的服务项进行启动或关闭了。

① Apache 提供了服务监视工具 "Apache Server Monitor"，用于管理 Apache 服务，程序位于 "D:\Apache24\bin\ApacheMonitor.exe"，如图 1-5 所示。

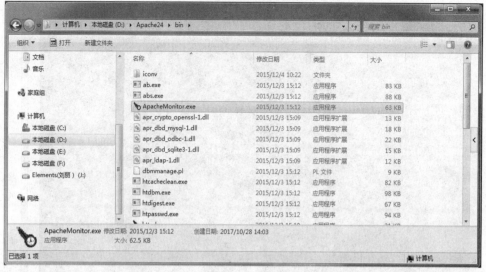

图 1-5　bin 目录文件

② 双击运行"ApacheMonitor.exe"，Windows 系统任务栏右下角状态栏会出现 Apache 小图标管理工具。在图标上单击鼠标左键可以弹出控制菜单，如图 1-6 所示，有 Start（启动）、Stop（停止）和 Restart（重新启动）三项菜单。

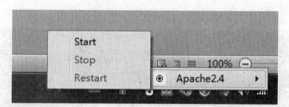

图 1-6　管理 Apache 服务

③ 单击"Start"菜单，可以启动服务，当图标由红色变为绿色时，表示启动成功。

④ 在浏览器上输入"http://localhost/"或"http://127.0.0.1/"地址来判断服务器是否安装成功。若出现如图 1-7 所示的页面，则说明 Apache 服务器已经安装成功。

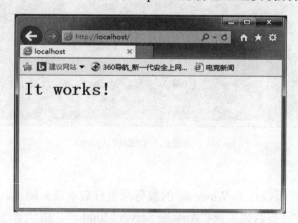

图 1-7　Apache 安装成功

注意：Apache 服务器的默认根目录是服务器软件安装目录下的 "D:\Apache Apache24\htdocs"。Apache 服务器默认使用 80 端口。

（2）MySQL 数据库的安装与配置

MySQL 是 Oracle 公司推出的一种多用户、多线程的关系型数据库，也是当前主流的开源 SQL 数据库管理系统。

1）MySQL 数据库的安装。

MySQL 安装与配置的步骤如下：

① MySQL 为 Windows 环境下的安装提供了图形安装向导，以帮助用户快速完成安装工作。在官方网站有两种格式：.msi 是需要安装的；.zip 是只需要解压就可以使用的，但是要进行配置。如图 1-8 所示。

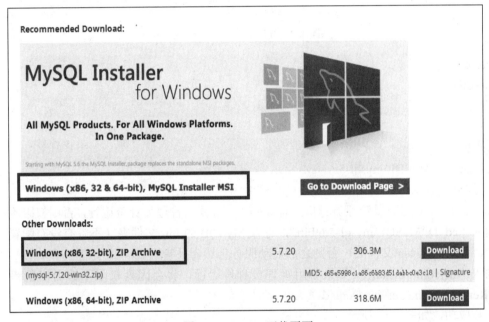

图 1-8　MySQL 下载页面

② 下载 "mysql-5.6.25-win32.zip"，解压之后可以将该文件夹改名，放到合适的位置，如 D:\MySQL 路径中。当然，也可以放到自己想放的任意位置。

③ 完成上述步骤之后，开始使用 MySQL，但会出现错误。这是因为没有配置环境变量。

④ 选中 "计算机" → "属性" → "高级系统设置" → "环境变量"，如图 1-9 所示。

⑤ 选择 "Path"，单击 "编辑" 按钮，在变量值后面添加 mysql bin 文件夹的路径 "D:\MySQL\mysql-5.6\bin"，这里是追加，不是覆盖。

2）配置。

配置完环境变量之后，先别忙着启动 MySQL，还需要修改一下配置文件（如果没有配置，之后启动的时候就会出现错误——错误 2 系统找不到文件）。

① mysql-5.6.2X 默认的配置文件是在 D:\MySQL\mysql-5.6\my-default.ini 中，或者自己建立一个 my.ini 文件，把配置文件里的

图 1-9　环境变量设置页面

```
[mysqld]
basedir=......
datadir=.......
```
改成
```
[mysqld]
basedir= D:\MySQL\mysql-5.6（MySQL 所在目录）
datadir= D:\MySQL\mysql-5.6\data（MySQL 所在目录\data）
```

② 启动服务验证，以管理员身份运行 cmd（一定要用管理员身份运行，否则权限不够）。

输入"cd D:\MySQL\mysql-5.6\bin"，进入 MySQL 的 bin 文件夹（不管有没有配置过环境变量，都要进入 bin 文件夹，否则之后启动服务仍然会报错误 2）。

输入"mysqld -install"（如果不用管理员身份运行，将会因为权限不够而出现错误：Install/Remove of the Service Denied!）。

安装成功，如图 1-10 所示。

图 1-10　安装成功页面

③ 安装成功后就要启动服务了，继续在 cmd 中输入"net start mysql"，如图 1-11 所示，服务启动成功。

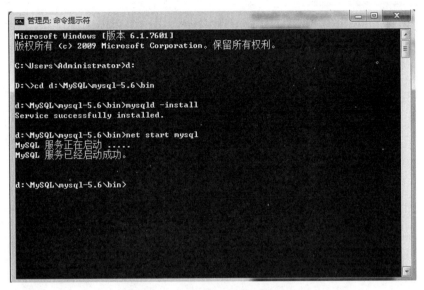

图 1-11　服务启动成功页面

注意：
如果 mysql 服务无法启动，要重新安装，先关闭，再卸载。

net stop mysql

d:\MySQL\mysql-5.6l\bin\mysqld -remove（按照你的路径修改）

（3）PHP 安装与配置

PHP 是一种解释型的脚本语言，在编写和运行 PHP 程序之前需要先安装 PHP 编译与运行引擎。

1）PHP 安装。

PHP 安装与配置的步骤如下：

进入 PHP 官方网站，下载 PHP 开发版文件"php-7.0.24-Win32-VC14-x86"压缩包并解压到"D:\php"，如图 1-12 所示。

图 1-12 所示的是 PHP 的目录结构，其中"ext"是 PHP 扩展文件所在的目录；"php.exe"是 PHP 的命令行应用程序；"php7apache2_4.dll"是用于 Apache 的 DLL 模块；"php.ini-development"是 PHP 预设的配置模板，适用于开发环境；"php.ini-production"也是配置模板，适用于上线时使用。

2）配置。

PHP 提供了开发环境和上线环境的配置模板，模板中有一些内容需要手动进行配置，以避免在以后的使用过程中出现问题，具体配置如下：

① 创建 PHP 配置文件 php.ini。将 php.ini-development 配置文件复制并重命名为 php.ini 配置文件即可。

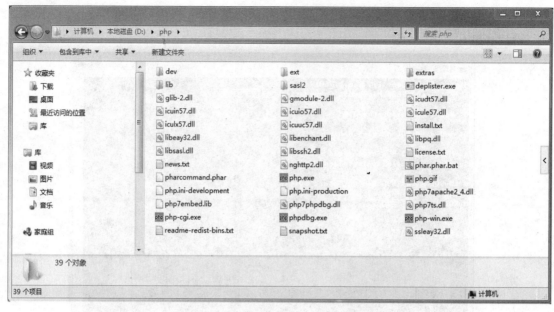

图 1-12　PHP 安装包的目录结构页面

② 配置扩展目录。使用记事本打开 php.ini 配置文件，找到 ";extension_dir"，如下：

; On windows:

; extension_dir = "ext"

将其内容修改成：

; On windows:

; extension_dir = "D:/php/ext"

表示指定 PHP 扩展包的具体目录，以便调用相应的 DLL 文件。

③ 配置 PHP 时区。找到 "date.timezone"，如下：

; http://php.net/date.timezone

;date.timezone =

时区可以配置为 PRC（中国时区）或 UTC（协调世界时）。在这里将其内容修改成：

; http://php.net/date.timezone

;date.timezone =PRC

④ 在 Apache 中引入 PHP 模块。打开 Apache 配置文件 "D:\Apache24\conf\httpd.conf"，添加对 Apache2.4 的 PHP 模块的引入，具体代码如下：

LoadModule php7_module"D:/php/php7apache2_4.dll"

<FilesMatch "\.php$">

　　setHandler application/x-httpd-php

</FilesMatch>

PHPIniDir "D:/php"

⑤ 配置 Apache 索引页。索引页是指当访问一个目录时，自动打开的文件。一般默认的索引页都是 "index.html"。在配置文件中找到 "DirectoryIndex"，找到如下代码：

<IfModule dir_module>

```
        DirectoryIndex index.html
    </IfModule>
```

将其内容修改为：

```
<IfModule dir_module>
        DirectoryIndex index.html    index.php
    </IfModule>
```

第二行修改表示在访问配置目录时，首先检测是否存在"index.html"，如果有，则显示，否则，继续检测是否有"index.php"。

⑥ 重新启动 Apache 服务器。修改完 Apache 配置文件后，需要重新启动 Apache 服务器，才能使配置生效。单击右下角的 Apache 服务器图标，在弹出的菜单中选择"Apache2.2"，再单击"Restart"就可以重新启动服务了。

⑦ 测试 PHP 模块是否成功安装。如果想检测 PHP 是否安装成功，可以在 Apace 的 Web 站点目录下，使用记事本创建一个名为"test.php"文件，并在文件中输入如下代码：

```php
<?php
    phpinfo( );
?>
```

将代码编写完成后保存文件，然后使用浏览器访问地址"http://localhost/test.php"，即可看到 PHP 配置信息。至此，PHP 的安装与配置就基本完成了。

2．集成安装包

PHP 是一门解释性的脚本语言，所以使用普通的文本编辑器编写完代码后，通过浏览器就可以直接解释执行了。一个好的集成开发环境绝对是能够大大提高开发效率的。目前较好的 PHP 集成开发环境有 EclipsePHP、Zend Studio、WampServer 和 AppServ 四种等，前两者都是基于 Eclipse 平台的（Zend Studio 自 6.1 版后投奔 Eclipse 阵营）。

对于初学者，建议直接使用集成包，下面以 WampServer 为例介绍 PHP 服务器的安装与配置。

① 安装 WampServer 之前，先到官方网站 http://www.wampserver.com/en 下载安装程序，它有 32 位和 64 位两个版本，读者可以根据操作系统的位数来决定，如图 1-13 所示。

图 1-13　WampServer 下载

② 双击 WampServer 2.5.exe, 打开启动界面, 如图 1-14 所示。

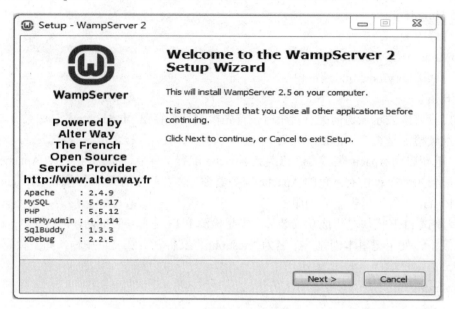

图 1-14　WampServer 启动

③ 单击 "Next" 按钮, 打开安装协议界面, 如图 1-15 所示。

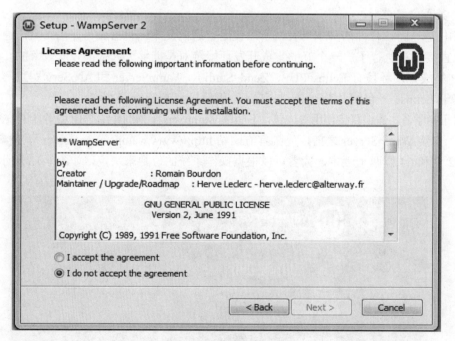

图 1-15　WampServer 协议

④ 选中 "I accept the agreement" 单选按钮, 单击 "Next" 按钮, 打开选择安装路径页面, 如图 1-16 所示。默认路径是 C:\wamp, 在这里单击 "Browse" (浏览) 按钮, 自己选择一个安装的路径 D:\wamp。

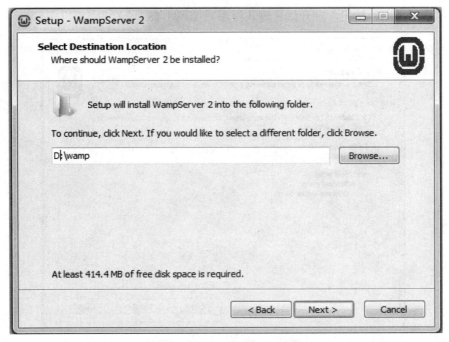

图 1-16　WampServer 选择安装路径

⑤ 单击"Next"按钮，打开创建快捷方式选项页面，如图 1-17 所示。第一个复选框是在快速启动栏创建快捷方式，第二个复选框是在桌面创建快捷方式，在这里选择第二个，方便操作。

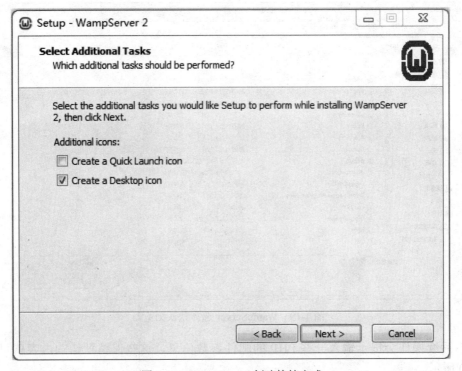

图 1-17　WampServer 创建快捷方式

⑥ 单击 "Next" 按钮，打开信息确认界面，如图 1-18 所示。

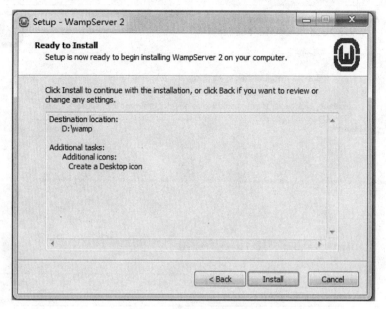

图 1-18　WampServer 信息确认

⑦ 信息确认无误后，单击 "Install" 按钮开始安装。在安装接近尾声时，会提示选择默认的浏览器，如果不确定使用什么浏览器，单击 "打开" 按钮，此时选择的是系统默认的 IE 浏览器，如图 1-19 所示。

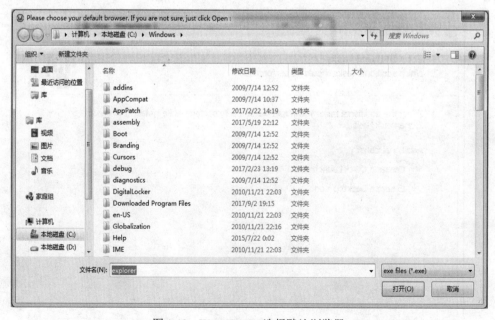

图 1-19　WampServer 选择默认浏览器

⑧ 后续操作会提示输入一些 PHP 的邮件参数信息，这些保留默认的内容就可以，如图 1-20 所示。

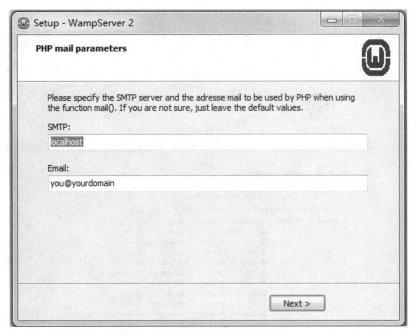

图 1-20　WampServer PHP 邮件参数信息

⑨ 单击"Next"按钮，打开完成安装界面，如图 1-21 所示。

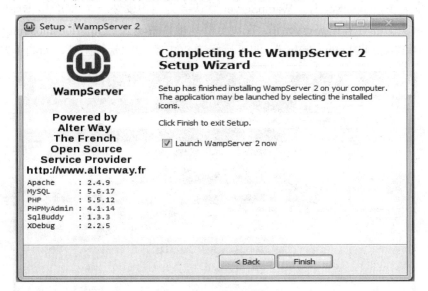

图 1-21　WampServer 安装完成

⑩ 选择"Launch WampSever 2 now"复选框，单击"Finish"按钮，完成所有安装，这时就能在桌面上能看到程序的图标了，并且在任务栏的系统托盘中能找到 WampServer 的标志。

⑪ 打开 IE 浏览器，在地址栏中输入"http://localhost"或者"http://127.0.0.1"，然后按 Enter 键，如果出现如图 1-22 所示界面，则说明 WampServer 安装成功。

图 1-22　WampServer 安装成功

⑫ 在安装 WampServer 时，WampServer 默认会为用户安装一个 SQL 数据库管理工具：phpMyAdmin。在启动 WampServer 后，在浏览器地址栏中输入"http://localhost/phpmyadmin/"或者"http://127.0.0.1/phpmyadmin/"，即可运行该 SQL 数据库管理工具，如图 1-23 所示。

图 1-23　SQL 数据库管理工具页面

1.2.2　PHP 服务器的启动与停止

成功安装 WampServer 后，MySQL 服务、Apache 服务及 PHP 预处理器一并安装到了同一台计算机上。这时，计算机既是数据库服务器，又是 Web 服务器。用户可以通过"手动启动服务"或"操作系统自动启动服务"来启动与停止 MySQL 服务和 Apache 服务。

PHP 服务器的
启动与停止

1. 手动启动和停止服务

单击任务栏中的 WampServer 图标，会弹出如图 1-24 所示的 WampServer 管理界面。

① 单击"Start All Services"选项，启动 MySQL 服务和 Apache 服务。

② 单击"Stop All Services"选项，停止 MySQL 服务和 Apache 服务。

③ 单击"ReStart All Services"选项，重新启动 MySQL 服务和 Apache 服务。

另外，还应单独对 MySQL 服务和 Apache 服务进行启动、停止操作。例如，在如图 1-24 所示的 WampServer 管理界面中单击"MySQL"选项，将弹出如图 1-25 所示的界面。在图 1-25 所示的界面中单击"Service"选项，可以进行"Start（启动）""Stop（停止）"或"Restart（重新启动）"MySQL 服务操作。

图 1-24　WampServer 管理界面

图 1-25　管理 MySQL 服务

2. 通过操作系统自动启动 PHP 服务

① 单击"开始"菜单下的"控制面板"选项，打开控制面板，将查看方式改为"小图标"。

② 双击"管理工具"下的"服务"选项，查看系统所有服务。

③ 在服务中找到"wampapache"和"wampmysql"服务，这两个服务分别表示 Apache 服务和 MySQL 服务。双击其中一个服务，将"启动类型"设置为"自动"，如图 1-26 所示，然后单击"确定"按钮，即可设置该服务为自动启动。

图 1-26　设置服务为自动启动

1.2.3　PHP 开发环境的关键配置

安装 WampServer 完成后，可以对其进行关键参数配置。

1. 设置语言

安装后默认是英文版，为了符合读者的语言习惯，可以把语言改成中文，可以在系统托盘中右击 WampServer 图标，选择"Language"→"chinese"，如图 1-27 所示。

2. 设置 Apache

（1）设置 Apache 服务端口

WampServer 安装时默认的端口是 80，如果 80 端口被其他服务（如 IIS）占用，需要修改端口号。单击任务栏系统托盘中的 WampServer 图标，在"Apache"里可以直接打开 httpd.conf 配置文件，查找到"Listen 0.0.0.0:80"，可以将其改成其他端口，如 8080，再找到 ServerName localhost:80，将 80 也改为 8080。修改后保存文件，重启 WampServer 服务。在 IE 浏览器地址栏中加上 Apache 服务的端口，如"http://localhost:8080/"，就会出现如图 1-22 所示窗口，说明端口配置成功。

（2）设置网站起始页面

Apache 服务器允许用户自定义网站的起始页及其优先级。打开配置文件 httpd.conf，查找到"DirectoryIndex"，在 DirectoryIndex 后面的就是网站的起始页和优先级，如

图 1-27　设置语言

图 1-28 所示。

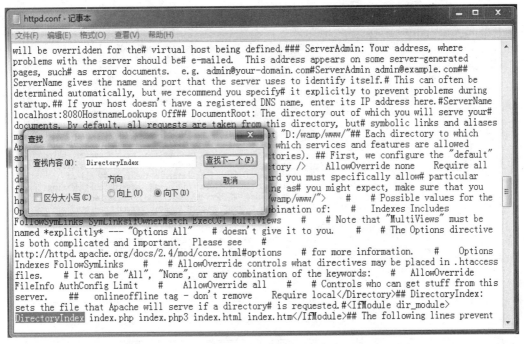

图 1-28　设置网站起始页

WampServer 安装完成后，默认的网站起始页及优先级为：index.php、index.php3、index.html、index.htm。Apache 默认的显示页为 index.php，在浏览器地址栏中输入"http://localhost/"时，Apache 会首先查找访问服务器主目录下的 index.php 文件。如果文件不存在，则依次查找访问 index.php3、index.html、index.htm 文件。

（3）设置 Apache 服务器主目录 www

WampServer 安装完成后，Web 浏览器访问 Web 服务器主机硬盘"D:/wamp/www/"目录下的页面文件，而"D:/wamp/www/"目录是 Web 服务器的主目录。

如果用户在浏览器地址栏中输入"http://localhoust/php/helloworld.php"，访问的就是 www 目录下的 php 目录下的 helloworld.php 文件。这时用户需要先自定义 Apache 服务器的主目录，打开 httpd.conf 配置文件，查找到"DocumntRoot"，如图 1-29 所示，修改目录为"D:/wamp/www/php/"。重新启动 Apache 服务器，配置生效。此时在浏览器地址栏中输入"http://localhoust/helloworld.php"时，Apache 服务器访问的便是主目录"D:/wamp/www/php/"下的 helloworld.php。

注意：这里建议用户将 Apache 服务器主目录设置为"D:/wamp/www/"。

3. 设置 MySQL 及 PhpMyAdmin

安装 WampServer 的时候，自始至终都没有为 MySQL 配置密码的步骤，而 MySQL 密码系统默认为空密码。空密码很不安全，此时需要用户重新设置密码，步骤如下：

① 单击任务栏系统托盘中的 WampServer 图标，选择"phpMyAdmin"选项，打开如图 1-30 所示的 phpMyAdmin 主界面。

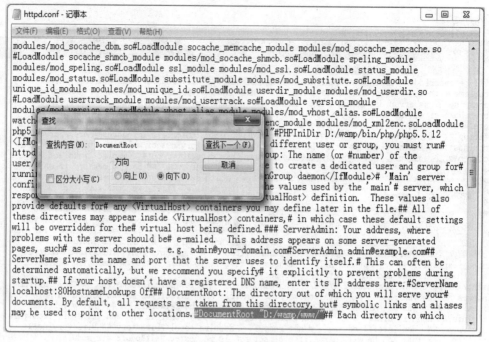

图 1-29　设置 Apache 服务器主目录 www

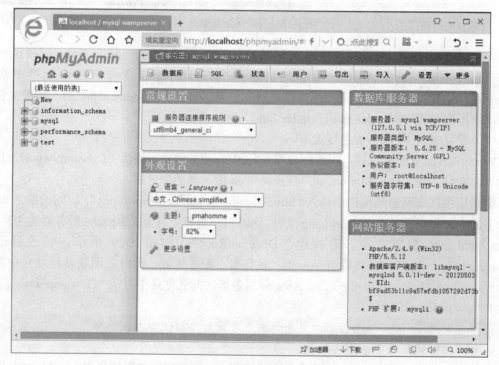

图 1-30　phpMyAdmin 主界面

② 选择 phpMyAdmin 主界面中的"用户"选项，在"用户概况"中可以看到 root 账户，如图 1-31 所示。单击每一行 root 账户后面的"编辑权限"，打开如图 1-32 所示的编辑页。

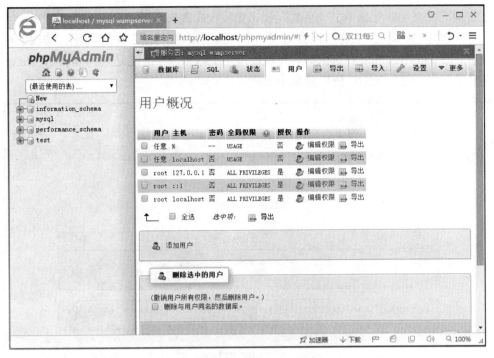

图 1-31　服务器用户一览表

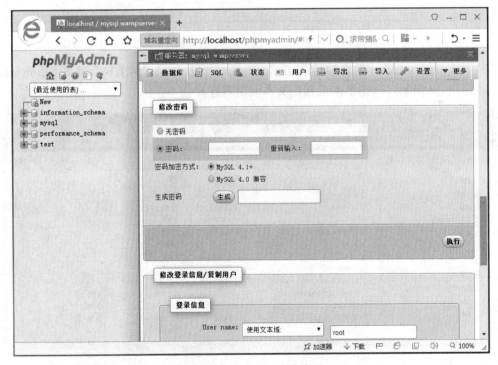

图 1-32　设置 root 账户密码

③ 在图 1-32 中输入新密码 "root"，确认密码 "root"，单击 "执行" 按钮，完成 root 账户密码的设置。

注意： 用户也可以通过单击"生成"按钮自动生成随机密码。

④ 修改密码基本到此完成，但会出现一个后续的问题：如图 1-33 所示，修改了数据库密码，当退出 phpMyAdmin 再进来时，发现连接不上数据库了。这是因为 phpMyAdmin 里的数据库登录信息还是原来的，所以登录不上。

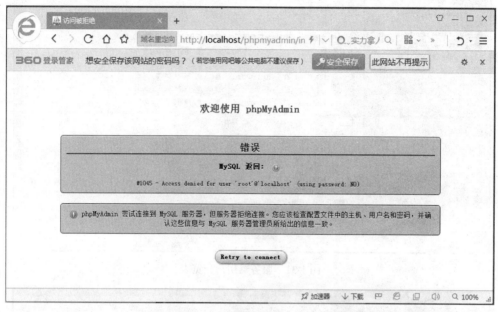

图 1-33　phpMyAdmin 连接 MySQL 错误

⑤ 打开 phpMyAdmin 的安装目录"D:\wamp\apps\phpmyadmin4.1.14"，找到 config.inc.php 文件，如图 1-34 所示，用记事本或其他文本编辑器打开。

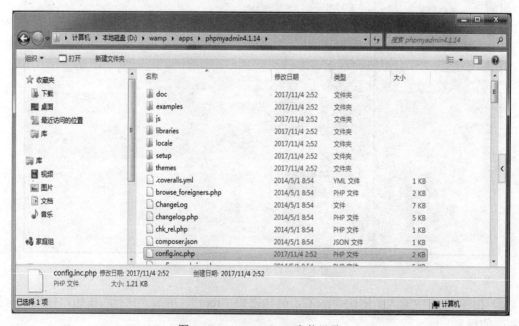

图 1-34　phpMyAdmin 安装目录

⑥ 找到$cfg['Servers'][$i]['password'] = '';，如图 1-35 所示，改成刚刚设置的新密码"root"，保存并退出。

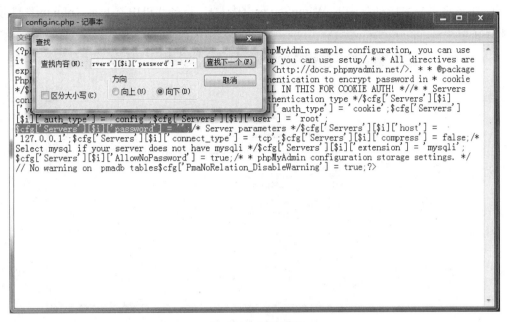

图 1-35　修改密码

⑦ 再次打开 phpMyAdmin，已经能够正常连接了，如图 1-36 所示，修改密码完成。

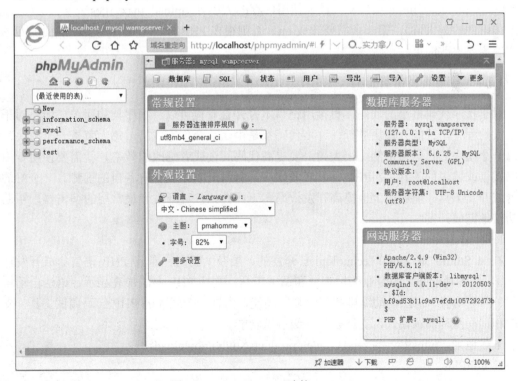

图 1-36　phpMyAdmin 连接 MySQL

4. 设置 PHP

PHP 的设置比较简单，只需要进行一些基本参数的修改就可以了。

① 单击任务栏系统托盘中的 WampServer 图标 ，选择"PHP"下的"php.ini"选项，如图 1-37 所示。

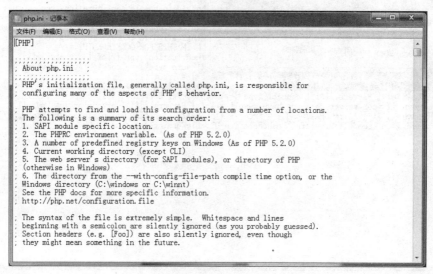

图 1-37   php.ini 配置文件

② 找到这三个地方 short_open_tag = off（是否允许使用 PHP 代码开始标志的缩写形式（<? ?>））；memory_limit = 128M（最大使用内存的大小）；upload_max_filesize = 2M（系统默认上传附件的最大值），第一个需要改成 on，否则很多 PHP 程序都运行不了，后面的两项按照实际需要更改即可。

1.2.4 常用代码编辑工具

对于程序代码量小的代码，直接用记事本打开查看也可以，程序架构简单。但是对于代码量大的程序，只能分模块进行，许多代码都是由团队合作完成的，每人负责一个模块，但是每一个模块的代码量仍然是很大的，要提高代码阅读或者修改的效率，就需要使用专门的代码阅读或编辑的工具了。PHP 开发工具很多，每种开发工具都有各自的优势。一个好的编辑器或开发工具，能够极大地提高开发效率。下面介绍几种开发者最常用的编辑器，帮助事半功倍地完成开发。

1. Zend Studio

Zend Studio 是 Zend Technologies 开发的、屡获大奖的、专业 PHP 语言集成开发环境（IDE），具备功能强大的专业编辑工具和调试工具，支持 PHP 语法加亮显示、语法自动填充功能、书签功能、语法自动缩排和代码复制功能，内置一个强大的 PHP 代码调试工具，支持本地和远程两种调试模式，支持多种高级调试功能。

下载地址：https://www.zend.com/en/products/studio/downloads。

2. EditPlus

EditPlus 是一款由韩国 Sangil Kim（ES-Computing）出品的小巧但是功能强大的可处理

文本、HTML 和程序语言的 32 位编辑器，甚至可以通过设置用户工具将其作为 C、Java、PHP 等语言的一个简单的 IDE。EditPlus 的主要特点如下：

① 默认支持 HTML、CSS、PHP、ASP、Perl、C/C++、Java、JavaScript 和 VBScript 等语法高亮显示，通过定制语法文件，可以扩展到其他程序语言，在官方网站上可以下载（大部分语言都支持）。

② EditPlus 提供了与 Internet 的无缝连接，可以在 EditPlus 的工作区域中打开 Internet 浏览窗口。

③ 提供了多工作窗口。不用切换到桌面，便可在工作区域中打开多个文档。

④ 正确地配置 Java 的编译器"Javac"及解释器"Java"后，使用 EditPlus 的菜单可以直接编译执行 Java 程序。

EditPlus 功能强大，界面简洁美观，且启动速度快；中文支持比较好；支持语法高亮；支持代码折叠；支持代码自动完成（但其功能比较弱），不支持代码提示功能；配置功能强大，且比较容易，扩展也比较强，像 PHP、Java 程序等的开发环境，只要看一下资料，几分钟就可以完成配置，很适合初学者学习使用；有不错的项目工程管理功能；内置浏览器功能，这一点对于网页开发者来说很是方便的。在所有编辑器中，EditPlus 的预览是最快的，按 Ctrl+B 组合键可以直接预览，再按一次重回编辑界面。

下载地址：http://www.editplus.com/。

3. Notepad++

Notepad++是一款非常有特色的编辑器，属于开源软件，支持 C、C++、Java、C#、XML、HTML、PHP、JavaScript 编程语言，并且可以免费使用。主要功能有：

① 内置支持多达 27 种语法高亮度显示（囊括各种常见的源代码、脚本，值得一提的是，完美支持.nfo 文件查看），也支持自定义语言。

② 可自动检测文件类型，根据关键字显示节点，节点可自由折叠/打开，代码显示得非常有层次感。这是此软件最具特色的体现之一。

③ 可打开双窗口，在分窗口中又可打开多个子窗口，允许快捷（F11 键）切换全屏显示模式，支持鼠标滚轮改变文档显示比例等。

下载地址：http://notepad-plus-plus.org/。

4. Dreamweaver

Dreamweaver 是美国 Macromedia 公司开发的集网页制作和管理网站于一身的所见即所得网页编辑器，它是第一套针对专业网页设计师特别发展的视觉化网页开发工具，利用它可以轻而易举地制作出跨越平台限制和跨越浏览器限制的充满动感的网页。Dreamweaver 的特点：

① 可视化的专业网页编辑器。

② 友好的工作界面。

③ 网站管理功能。

④ 强大的多媒体处理功能。

⑤ 提供行为等控件来进行动画处理和产生交互式响应。

⑥ 能够与 Macromedia 公司其他软件（Fireworks、Flash）完美协作。

下载地址：http://www.adobe.com/downloads/。

1.3 综合案例 第一个 PHP 程序

第一个 PHP 程序

WampServer 成功安装后，启动 MySQL 服务和 Apache 服务后，就可以进行 PHP 编程了。

[例 1-1] 编写第一个简单的 PHP 程序 HelloWorld.php。

PHP 程序开发步骤：

① 使用记事本或编辑器创建一个包含源代码的磁盘文件。

```html
<html>
    <head>
            <title>我的第一个 PHP 页面</title>
    </head>
    <body>
            <?php
                echo "Hello World!";
                echo "欢迎进入 PHP 学习之旅。";
            ?>
        </body>
</html>
```

在程序代码中，"<?php" 和 "?>" 是 PHP 的标记对。这对标记中的所有代码都被当作 PHP 代码来处理。"echo" 是 PHP 的输出语句，一条完整语句结束末尾要加 "；"。

② 将文件上传到 Web 服务器。

将 HelloWorld.php 文件按保存到服务器 Web 根目录 "D:\wamp\www\php" 下。这里的目录是通过编辑 Apache 主配置 httpd.conf 文件更改为用户的真实目录，具体设置前面已介绍过。

③ 通过浏览器访问 Web 服务器运行程序。

打开浏览器窗口，在地址栏中输入 "http://localhost/HelloWorld.php"，按 Enter 键后就可以看到如图 1-38 所示的页面。

图 1-38 PHP 程序运行结果

小　　结

本章为读者介绍了 PHP、PHP 的优势及应用领域，介绍了如何搭建一个 PHP 开发环境，其中分别介绍了 Web 服务器 Apache 的安装、PHP 解释器的安装、MySQL 的安装及 WampServer 的安装与设置等。学习完本章内容之后，读者应该能够搭建起一个 PHP 开发运行环境并编写第一个 PHP 程序。从下一章开始，就将介绍 PHP 编程的具体内容。

习　　题

一、选择题

1. Apache 服务器默认的端口号为（　　　）。

A. 80　　　　　　　　B. 81　　　　　　　　C. 82　　　　　　　　D. 8080

2. 在（　　　）文件夹里面能找到 Apache 服务器的配置文件。

A. conf　　　　　　　B. bin　　　　　　　C. error　　　　　　　D. data

3. 以下标签不是 PHP 起始/结束符的是（　　　）。

A. <% %>　　　　　　B. <? ?>　　　　　　C. <?= ?>　　　　　　D. <!-- -->

E. <?php ?>

4. 要配置 Apache 的 PHP 环境，只需修改（　　　）。

A. php.ini　　　　　　B. http.conf　　　　　C. php.sys　　　　　　D. php.exe

5. 下列命令中不是 PHP 的输出命令的是（　　　）。

A. echo　　　　　　　B. printf( )　　　　　C. print　　　　　　　D. write

二、填空题

1. 要重新设置 Apache 服务器的主目录，需要在配置文件中查找关键字_____。

2. PHP 代码可单独使用或包含在<html>与</html>内，以_____为定界符。

3. 在 PHP 页面中要运行 PHP 代码，可以用以下语句声明：<script language=_____ >脚本</script>。

4. MySQL 服务器的默认连接端口是_____。

5. Apache 指_____。

三、简答

1. 简单说明 PHP 的优势及应用领域。

2. 列举常见的 Web 服务器。

3. 列举你所熟知的动态网页程序设计语言。

四、上机练习

尝试独立安装一种集成开发环境并进行部署，然后显示 HelloWorld.php 页面的内容。

第2章

PHP 开发基础

 知识要点:

- PHP 基本语法
- PHP 数据类型
- PHP 常量和变量
- PHP 运算符和表达式

 本章导读:

每一种编程语言都有其特点,PHP 对于初学者来说,入门很简单,但其同时也会为专业的程序员提供高级特性。但是无论是简单编程还是高级编程,都是以语法为基础的,如果没有扎实的基本功,在程序代码编写的过程中会事倍功半。本章将从 PHP 的基本语法开始,分别讲述 PHP 的数据类型、常量和变量、PHP 的运算符和表达式。

2.1 PHP 代码基本语法

PHP 基本语法格式如下:

```php
<?php
    echo "这是 PHP 程序的基本格式";
?>
```

说明:
① `<?php … ?>`,PHP 起始和结束标记。
② 每句结束加分号";",否则程序运行会出现错误。
③ echo 为 PHP 的输出语句。

2.1.1 PHP 开始标记与结束标记

PHP 代码基本语法

PHP 是一种嵌入式的脚本语言,这意味着 PHP 代码一般是嵌入 HTML 中的。
【例 2-1】一个简单的 PHP 程序 annotation.php 代码如下:

```html
<html>
    <head>
            <title>HTML 中嵌入 PHP</title>
    </head>
```

```
    <body>
        <?php                          //PHP 代码起始标记
            echo "Hello World!";    #输出 Hello World!
            /*上面两行加粗代码是 PHP 代码，
                需要在服务器端解释执行，
                其他代码为 HTML 代码，
                在浏览器端执行*/
                              //PHP 代码结束标记
        ?>
    </body>
</html>
```

从上面的程序代码中可以看出，在多数情况下，PHP 代码都是与 HTML 代码混杂在一起的。当包含了 PHP 程序的页面被请求时，Web 服务器会自动编译并处理页面中"<?php"与"?>"之间的代码，将处理结果以 HTML 的形式传送给浏览器，并显示最终的处理结果。

要让 Web 服务器能够区分 PHP 代码与普通的 HTML 代码，就要将 PHP 代码放在特殊的标记内。PHP 标记告诉 Web 服务器 PHP 代码何时开始、结束。这两个标记之间的代码都将被解释成 PHP 代码，PHP 标记用来隔离 PHP 代码和 HTML 代码。PHP 共提供了 4 种不同风格的标记：

1. XML 标准风格

```
<html>
    <head>
            <title>这是 XML 标准风格</title>
    </head>
    <body>
        <? php
                echo "Hello World!";
        ?>
    </body>
</html>
```

XML 风格使用标准分界符"<?php"和"?>"作为 PHP 的开始和结束标记，是 PHP 默认的风格，也是本书推荐使用的 PHP 标记风格。

2. 简短风格

```
<html>
    <head>
            <title>这是简短风格</title>
    </head>
    <body>
        <?
            echo "Hello World!";
```

```
            ?>
    </body>
    </html>
```

简短风格使用短标签"<?"和"?>"作为 PHP 的开始和结束标记。要使用这种方式，必须在 php.ini 配置文件中将 short_open_tag 设置为"on"（新版本的 PHP 中默认设置为"off"），否则编译器将不予解析。

3. SCRIPT 脚本风格

```
<html>
    <head>
        <title>这是 SCRIPT 脚本风格</title>
    </head>
    <body>
        <script language="php">
            echo "Hello World!";
        </script>
    </body>
</html>
```

SCRIPT 风格使用"<script language="php">"和"</script>"作为 PHP 的开始和结束标记。这种标记可以在任何情况下使用，不过它与 JavaScript 风格的嵌入方式类似，使用不方便，因此不建议使用。

4. ASP 风格

```
<html>
    <head>
        <title>这是 ASP 风格</title>
    </head>
    <body>
        <%
            echo "Hello World!";
        %>
    </body>
</html>
```

ASP 风格使用"<%"和"%>"作为 PHP 的开始和结束标记。这种模仿了 ASP、JSP 风格的一种标记，为 ASP、JSP 编程人员转向 PHP 编程带来了方便。使用这种方式，必须在 php.ini 配置文件中将 asp_tag 设置为"on"，否则这种标记风格不起作用。考虑到程序移植问题，这种风格也不推荐使用。

注意：开始与结束标记中的关键字不区分大小写，如："<?php"和"<?PHP"是一样的。

2.1.2 PHP 注释

PHP 注释是对代码的解释和说明，PHP 解释器将忽略注释中的所有文本。事实上，PHP

PHP 注释及语句

分析器将跳过等同于空格的注释。

1. 注释的原则

注释在写代码的过程中非常重要，好的注释不仅能让代码阅读起来更轻松，而且还有利于开发人员之间的沟通和后期的维护。在写代码的时候，一定要注意注释的规范。

① 注释语言必须准确、易懂、简洁。

② 注释一般写在代码的开发和结束位置。

③ 要求注释占程序代码的比例达到 20%左右。

④ 避免在注释中使用缩写。

2. 注释风格

在例 2-1 程序 annotation.php 代码中，PHP 提供了以下 3 种风格的程序注释：

```
<body>
    <?php                          //PHP 代码起始标记
        echo "Hello World!";       #输出 Hello World!
        /*上面两行加粗代码是 PHP 代码，
            需要在服务器端解释执行，
            其他代码为 HTML 代码，
            在浏览器端执行*/
                    //PHP 代码结束标记
        ?>
</body>
```

（1）C++风格的单行注释

这种注释方式使用"//"的形式实现。在"//"之后，"//"所在行结束之前或者 PHP 结束标记之前的内容都是注释部分。而 PHP 结束标记后的内容则作为 HTML 代码进行处理。

（2）Shell 脚本风格的注释

这种注释方式使用"#"的形式实现，与"//"功能是等效的。

（3）C 风格的多行注释

当要添加的注释非常多时，往往会分成多行来显示，这时需要用到多行注释。PHP 采用 C 语言的多行注释风格，注释内容以"/*"符号开始，以"*/"符号结束。为了美观，通常在每一行注释的开始位置也加入一个"*"。例如：

```
<?php
    /*上面三行加粗代码是 PHP 代码，
    * 需要在服务器端解释执行，
    *其他代码为 HTML 代码，
    * 在浏览器端执行*/
    />
```

程序 annotation.php 的运行结果如图 2-1 所示。通过运行结果与源程序代码相比较，PHP 代码中的注释被 PHP 预处理忽略。

图 2-1　PHP 注释示例程序运行结果

注意： 在单行注释的内容里不要出现 "?>"，因为解释器会认为它是 PHP 脚本的结束标志，而去执行 "?>" 注释中后面的代码。

2.1.3　PHP 语句及语句块

PHP 程序一般由若干条 PHP 语句构成，每条 PHP 语句完成某项操作。PHP 中的每条语句以英文分号 ";" 结束，只有 PHP 结束标记之前的 PHP 语句可以省略结尾分号 ";"。

1. 简单的语句

每行至多包含一条语句，例如：

```
$argv++; // 正确的
```

2. 复合语句

复合语句也称块语句，是包含在大括号中的语句序列，形如 "{ 语句 }"。单独使用语句块时，没有任何意义，语句块只有和条件控制语句（if-else）、循环语句（for 和 while）、函数等一起使用时才有意义。例如：

```php
<?php
 $expression=true;
 if($expression){
?>
<strong>This is true.</strong>
<?php
    }else{
?>
<strong>This is false.</strong>
<?php
    }
?>
```

2.2　PHP 数据类型

程序开发过程中经常需要操作数据，而每个数据都有其对应的类型。PHP 语言中的数据类型可划分为三大类：标量数据类型、复合数据类型及特殊数据类型，如图 2-2 所示。

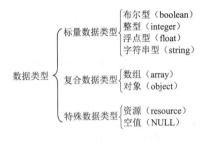

图 2-2　PHP 数据类型

2.2.1　标量数据类型

标量数据类型是数据类型中的最基本单元，只能存储一个数据。PHP 中的标量数据类型包括 4 种，见表 2-1。

表 2-1　标量数据类型

类型	说　　明
布尔型（boolean ）	最简单的数据类型。只有两个值：真（true）和假（false）
整型（integer）	整型数据类型只能是整数，可以是正整数或者是负整数
浮点型（float）	浮点型数据用来存储数字，要求有小数位数，也作"double"
字符串型（string）	字符串类型就是连续的字符序列

1. 布尔型（boolean）

布尔型是最简单的类型。boolean 用于表示逻辑的"真"或"假"，对应布尔型数据的两种取值为"true"或"false"（"true"和"false"的取值不区分大小写）。

布尔型

【例 2-2】程序 boolean.php 代码如下：

```php
<?php
    $x=true;
    $y=false;
    echo $x;
    echo "<br>";    //换行
    echo $y;
?>
```

程序运行结果如图 2-3 所示。

图 2-3　程序运行结果

在上述代码中，使用 echo 输出 true 时，true 被自动类型转换为整数 1；使用 echo 输出 false 时，false 被自动类型转换为空字符串。

注意：在 PHP 中不是只有 false 值才为假的，在一些特殊情况下，boolean 值也被认为是 false。这些特殊情况为：0、0.0、"0"、空白字符串（""）、只声明没有赋值的数组等。

2. 整型（integer）

整型类型只包含整数。在 32 位操作系统中，整型数据有效范围是：-2 147 483 648～+2 147 483 647。整数可以用十进制、八进制、十六进制表示，使用八进制时，整数前必须加上"0"，如果八进制中出现非法数字 8 和 9，则非法数字及其后面的数字被忽略。使用十六进制时，整数前必须加上"0x"。

整型

【例 2-3】整数以不同进制形式输出，程序 integer.php 代码如下：

```php
<?php
        $x=567;    //十进制数
        $y=-567;   //负数
        $m=0567;   //八进制数
        $n=0x567;  //十六进制数
    echo $x;
        echo "<br>";
        echo $y;
        echo "<br>";
        echo $m;
        echo "<br>";
        echo $n;
    ?>
```

程序运行结果如图 2-4 所示。

图 2-4　程序运行结果

在上述代码中，当给定的数值大于系统环境所能表示的最大范围时，会发生数据溢出。

3．浮点型（float）

浮点数据类型可以用来存储数字，也可以保存小数。它提供的精度比整数大得多。在 32 位的操作系统中，有效的范围是 1.7E–308～1.7E+308。

在 PHP 4.0 以前的版本中，浮点型的标识为 double，也叫作双精度浮点数，两者没有区别。

浮点型

浮点型数据默认有两种书写格式：

一种是标准格式：7.156 7，–456.9。

一种是科学记数法格式：858E2，849.72E–5。

【例 2-4】浮点数以不同进制形式输出，程序 float.php 如下：

```php
<?php
        $x=5.67;    //十进制数
        $y=-5.67; //负数
        $m=5.67e+2;    // 此浮点数是 5.67*102
    echo $x;
    echo "<br>";
    echo $y;
    echo "<br>";
    echo $m;
        ?>
```

程序运行结果如图 2-5 所示。

图 2-5　程序运行结果

注意： 浮点型的数值只是一个近似值，所以要尽量避免浮点型数值之间比较大小，因为最后的结果往往是不准确的。

4. 字符串型（string）

字符串是连续的字符序列，由数字、字母和符号组成。字符串中的每个字符只占用一个字节。在 PHP 中，有 3 种定义字符串的方式，分别是单引号（'）、双引号（"）和界定符（<<<）。

字符串型

单引号和双引号是经常被使用的定义方式，定义格式如下：

```
<?php                         <?php
  $a ='字符串';      或             $a ="字符串";
?>                            ?>
```

【例 2-5】单、双引号字符串对比输出，程序 compare.php 如下：

```
<?php
        $s="asd12345";
        echo '变量$s 的值是：'."$s";
    ?>
```

程序运行结果如图 2-6 所示。

图 2-6　程序运行结果

在上面代码中，用"."来连接字符串或字符串变量。单引号包含的变量按普遍字符输出，双引号包含的变量按其实际值输出。

使用单引号时，只要对单引号进行转义即可；但使用双引号时，还要注意""、"$"等字符的使用。这些特殊字符都要通过转义符"\"来显示。常用的转义字符见表 2-2。

表 2-2　转义字符列表

转义字符	输　　出
\n	换行（LF 或 ASCII 字符 0x0A（10））
\r	回车（CR 或 ASCII 字符 0x0D（13））
\t	水平制表符（HT 或 ASCII 字符 0x09（9））
\\	反斜杠

续表

转义字符	输　　出
\\$	美元符号
\\'	单引号
\\"	双引号
\\[0-7]{1,3}	此正则表达式序列匹配一个用八进制符号表示的字符，如\\467
\\x[0-9A-Fa-f]{1,2}	此正则表达式序列匹配一个用十六进制符号表示的字符，如\\x9f

使用定界来定义超长字符串，语法如下：

```
$varname = <<<ENDSTRING
这里放置长文本
ENDSTRING;        // ENDSTRING 只是一个命名，可以根据实际情况来命名。
```

【例 2-6】使用定界符来定义超长字符串，程序 delimiter.php 如下：

```
<?php
        $x="This is a string!";
        $y=<<<std
另一种给字符串定界的方法使用定界符语法（"<<<"）。应该在 <<< 之后提供一个标识符，
然后是字符串，最后是同样的标识符结束字符串。结束标识符必须从行的第一列开始。同样，
标识符也必须遵循 PHP 中其他任何标签的命名规则：只能包含字母数字下划线，而且必须以
下划线或非数字字符开始。<br/>
    $x <br/>
std                                    //std 一定要顶格写
        echo    $y
    ?>
```

程序运行结果如图 2-7 所示。

图 2-7　程序运行结果

2.2.2　复合数据类型

复合数据类型是将多个简单的数据类型存储在一个变量中。PHP 中的复合数据类型包括
两种，见表 2-3。

表 2-3　复合数据类型

类型	说　　明
数组（array）	一组相同类型数据的集合
对象（object）	对象是类的实例，通常使用关键字 new 来创建

1. 数组（array）

数组是把一系列的数据集合起来，形成一个可操作的整体。数组中的数据可以是标量数据、数组、对象、资源等。一般把数组中的单个数据称作元素，元素又被分为索引（键名）和值两部分。索引（键名）可以是数字或字符串，值可以是任何数据类型。

数组

（1）数组的声明

格式：

```
$a=array(值 1,值 2,值 3,...);
//或
$a=array(key1=>值 1,key2=>值 2,key3=>值 3,...);
//或
$a=array( );
$a[索引]=值 1;
$a[索引]=值 2;
$a[索引]=值 3;
...
```

【例 2-7】程序 array.php 代码如下：

```php
<?php
  $arr = array("foo" => "bear", 16 => true);
                    //定义数组，key 如果是浮点数，则取整为 integer
        echo $arr["foo"],' </br> ';
        echo $arr[16];
      ?>
```

程序运行结果如图 2-8 所示。

图 2-8　程序运行结果

（2）相关函数

数组中相关的函数解释说明见表 2-4。

表 2-4　相关函数

函数	说　　明
each($arr)	返回当前元素，并向下移动数组
list( )	一般与 each( )搭配使用，将数组元素分解成一系列的值
count($ayy);	获得数组的个数
unset($arr[0]);	删除数组中的元素
array_slice($ayy,int offset,[int length]);	获得数组的子集
array_unshift($ayy,key=>value);	向数组开头插入元素
array_push($ayy,key=>value);	向数组结尾插入元素
sort($arr)	正向排序
rsort($arr)	反向排序

2. 对象（object）

对象是存储数据和有关如何处理数据的信息的数据类型。

在 PHP 中，必须明确地声明对象。声明对象的类，使用关键字 class。
而对象是类的实例，是真实存在的。创建对象一般使用 new 关键字来
创建。

对象

对象的创建格式：

new 类名( );

【例 2-8】程序 object.php 代码如下：

```php
<?php
    class Dog{ //声明类 Dog
    public $name="";    //类成员变量
    public $color="";
    function __construct($name,$color){//构造函数
    $this->name=$name;//this 是指向当前对象
    $this->color=$color;    }
  }
    $xiao=new Dog("小花","花色");//创建对象
    var_dump($xiao); //打印对象
?>
```

程序运行结果如图 2-9 所示。

图 2-9 程序运行结果

2.2.3 特殊数据类型

PHP 还提供了一些特殊用途的数据类型，见表 2-5。

表 2-5 特殊数据类型

类型	说 明
资源（resource）	资源是一种特殊变量，又叫作句柄，是外部资源的一个引用。资源是通过专门的函数来建立和使用的
空值（null）	特殊的值，表示变量没有值，唯一的值就是 null

1. 资源（resource）

资源类型是 PHP 4 引进的。在使用资源时，系统会自动启用垃圾回收机制，释放不再使用的资源，避免内存消耗殆尽。因此，资源很少需要手工释放。

【例 2-9】程序 resource.php 代码如下：

```php
<?php
    if(!file_exists("test.txt")){//如果文件不存在（默认为当前目录下）
    $fh = fopen("test.txt","w");        //打开文件
    echo get_resource_type($fh);      // 输出：stream
    fclose($fh);                //关闭文件
        }
?>
```

程序运行结果如图 2-10 所示。

图 2-10 程序运行结果

2．空值（null）

空值表示没有为该变量设置任何值，另外，空值（null）不区分大小写，null 和 NULL 的效果是一样的。被赋予空值的情况有 3 种：还没有赋任何值、被赋值 null、被 unset( )函数处理过的变量。

【例 2-10】程序 null.php 代码如下：

```php
<?php
    $x="This is a string.";
    $x=null;
    var_dump($x);//能打印出类型
?>
```

程序运行结果如图 2-11 所示。

图 2-11　程序运行结果

2.2.4　数据类型转换

PHP 在变量定义方面比较自由，因此 PHP 被称为弱类型语言，也称为动态语言。PHP 数据类型转换有 3 种方式：

① 自动转换。

② 强制转换。

③ setType ( )方法转换。

1．自动转换

定义变量时不需指定数据类型，PHP 会根据具体引用变量的具体应用环境，将变量转换为合适的数据类型。

自动类型转换

【例 2-11】程序 autochangeover.php 代码如下：

```php
<?php
    $string="student.";//定义一个变量 string，并将字符串 student 赋给 string
    $int=20; //将数字 20 赋给 int
    echo $string=$int
?>
```

程序运行结果如图 2-12 所示。

图 2-12　程序运行结果

2. 强制转换

　　强制类型转换允许手动将变量的数据类型转换成为指定的数据类型。转换方法为在变量前面加上一个小括号，并把目标数据类型填写在括号中来实现，具体见表 2-6。

强制类型转换

表 2-6　允许转换类型

转换目标类型	转换规则	转换示例
(integer)	将其他数据类型强制转换为整型	$a = "3";$b = (integer)$a;
(boolean)	将其他数据类型强制转换为布尔型	$a = "3";$b = (boolean)$a;
(float),(double)	将其他数据类型强制转换为浮点型	$a = "3"; $b = (float)$a;$c = (double)$a;
(string)	将其他数据类型强制转换为字符串	$a = 3; $b = (string)$a;
(array)	将其他数据类型强制转换为数组	$a = "3"; $b = (array)$a;
(object)	将其他数据类型强制转换为数组	$a = "3"; $b = (object)$a;

【例 2-12】程序 coercion.php 代码如下：

```php
<?php
        $transfer = 12.8;//定义一个变量，赋值 12.8
        $jieguo = (int)$transfer;//把浮点变为整型
        var_dump($jieguo);
        $jieguo = (bool) $transfer;//把浮点变为布尔
        var_dump($jieguo);
        $bool = true; //把布尔变整型
        $jieguo = (int)$bool;
        $fo = 250;//把浮点变数组
        $jieguo = (array)$fo;
        var_dump($jieguo);
?>
```

程序运行结果如图 2-13 所示。

图 2-13　程序运行结果

3. setType ( )方法转换

setType ( )方法将指定的变量转换成指定的数据类型。

【例 2-13】程序 settype.php 代码如下：

setType()方法转换

```php
<?php
        $num=34.88;
        $flg=settype($num,"int");
        var_dump($flg);    //输出 bool(true)
        var_dump($num); //输出 int(34)
?>
```

程序运行结果如图 2-14 所示。

图 2-14　程序运行结果

2.3　常量与变量

常量和变量是编程语言的最基本构成，代表了运算中所需要的各种值。通过变量和常量，程序才能对各种值进行访问和运算。学习变量和常量是编程的基础。

2.3.1　常量

常量代表程序运行中值不发生变化的一类数据。在 PHP 中，通常使用常量表示只能读写而不能改变值的内容，如 PHP 的版本、一个 PHP 文件的行数等。而从是否需要用户定义来看，PHP 中的常量又可以分为预定义常量和自定义常量两种。

1. 自定义常量

（1）使用 define( ) 函数声明常量

自定义常量

在 PHP 中可以用 define( ) 函数来定义常量，在 PHP 5.3.0 以后，可以使用 const 关键字在类定义之外定义常量。一个常量一旦被定义，就不能再改变或者取消定义，其语法如下：

> define(string constant_name,mixed value,case_sensitive = true)

例如：define('welcome','hello world'); // 定义常量：welcome，值：'hello world'

说明：

constant_name：必选参数，常量名称，即标识符。

value：必选参数，常量的值。

case_sensitive：可选参数，确定常量名称是否区分大小写，默认为 true，不区分大小写；如果设置为 false，则区分大小写。

（2）使用 constant( ) 函数获取常量的值

常量可赋给某个变量，通过变量来使用常量；也可以直接通过常量名使用该常量。

通过变量获取常量值语法如下：

> mixed constant(string const_name)

例如：echo constant('welcome');

说明：

参数 const_name 为要获取常量的名称。如果成功，则返回常量值；失败，则提示错误信息 "常量没有被定义"。

【例 2-14】使用 define( )函数求圆的面积，程序 area.php 代码如下：

```php
<?php define("PI", 3.1415926); //定义π
    $r = 12; //圆半径
    echo "半径为 $r 的圆的面积是:" . PI * ($r * $r); //输出圆
    ?>
```

程序运行结果如图 2-15 所示。

图 2-15　程序运行结果

2. 预定义常量

预定义常量是 PHP 系统已经事先定义过的,不需要用户定义即可使用的一类常量。由于预定义常量不需要事先定义, 所以在编程过程中使用, 可以快速获取其指代的相关内容,从而大大提高工作效率。其中的内核预定义常量不需要任何设置即可直接使用, 而有些常量则只有在 PHP 加载相关的扩展库后才能使用。预定义常量的名称及作用见表 2-7。

表 2-7 预定义常量

常量名	作 用
FILE	存储当前脚本的绝对路径及文件名称
LINE	存储该常量所在的行号
FUNCTION	存储该常量所在的函数名称
BOLL	这个常量是一个控制:null
FALSE	这个常量是一个假值:false
TRUE	这个常量是一个真值:true
CLASS	存储该常量所在的类的名称
PHP_VERSION	存储当前 PHP 的版本号
PHP_OS	存储当前服务器的操作系统
E_ERROR	这个常量指到最近的错误处
E_WARNING	这个常量指到最近的警告处
E_PARSE	这个常量指到解析语法有潜在问题处
E_NOTICE	这个常量为发生异常,但不一定是错误处

注意: __FILE__ 和 __LINE__ 中的 "__" 是两个下划线。表中以 E 开头的常量是 PHP 的错误调试部分。

【例 2-15】使用预定义函数输出 PHP 中的一些信息, 程序 preDefined.php 代码如下:

```php
<?php
        header("content-type:text/html;charset=utf-8"); //设置字符编码
        echo "当前文件的路径: ".__FILE__;
        echo "<br/>当前的行数: ".__LINE__;
        echo "<br/>当前 PHP 的版本信息: ".PHP_VERSION;
        echo "<br/>当前的操作系统: ".PHP_OS;
    ?>
```

程序运行结果如图 2-16 所示。

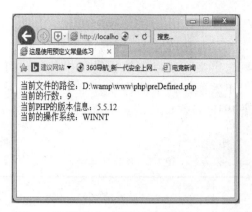

图 2-16　程序运行结果

2.3.2　变量

变量是一种在程序运行过程中，其值可以发生改变的一类数据的统称。变量的值可以改变属性是其与常量的最本质的区别。变量是 PHP 编程中最活跃的因素，基本上不论何种操作，都需要有变量的参与。与常量一样，按照是否需要用户定义，变量也有自定义变量与预定义变量之分。

自定义变量

1. 自定义变量

（1）变量的定义和使用

在 PHP 中，所有变量都是用 "$" 开头的，其语法如下：

```
$var_name = value;
```

例如：$x=10; //定义一个变量 x，把 10 赋给 x。

说明：

var_name：变量名。

value：变量值。

变量名与 PHP 中其他的标签一样，遵循相同的规则。

① 在 PHP 中，变量名是区分大小写的。

② 变量名前面必须加符号$，表示一个变量。

③ 变量名不能数字字符开头。

④ 变量名可以包含一些扩展字符（如重音拉丁字母），但是不能包含非法扩展字符（如汉字字符，PHP 5 支持中文作为变量名，但不提倡）。

（2）变量的赋值

给变量赋值有两种方式：传值赋值和引用赋值。这两种赋值方式在对数据的处理上有很大的差别。

1）传值赋值

这种赋值方式使用 "=" 直接将一个变量（或表达式）的值赋给另一个变量。使用这种赋值方式，等号两边的变量值互不影响，任何一个变量值的变化都不会影响到另一个变量。示例如下：

```
$var="abc";                //$var 为字符串型
```

```
$var=TRUE;                    //$var 为布尔型
$var=123;                     //$var 为整型
```

PHP 也可以将一个变量的值赋给另外一个变量。示例如下：

```
<?php
$height=100;
$width=$height;               //$width 的值为 100
?>
```

2）引用赋值

从 PHP 4.0 开始，提供了另外一种给变量赋值的方式——引用赋值，即新变量引用原始变量，改动新变量的值将影响原始变量，反之亦然。使用引用赋值的方法是，在将要赋值的原始变量前加一个"&"符号。

【例 2-16】使用"&"符号，变量$bar 引用变量$var。程序 assignment.php 代码如下：

```
<?php
    $var="hello";                    //$var 赋值为 hello
    $bar=&$var;                      //变量$bar 引用$var 的地址
    echo $bar;                       //输出结果为 hello
    $bar="world";                    //给变量$bar 赋新值
    echo $var;                       //输出结果为 world
?>
```

运行结果如图 2-17 所示。

图 2-17 程序运行结果

注意：只有已经命名过的变量才可以引用赋值，例如下面的用法是错误的：
```
$bar=&(25*5);
```

2. 预定义变量

预定义变量是由 PHP 系统已经定义过的，用户可以直接使用的一类变量。预定义变量不需要定义即可直接使用，使用这些变量可以快速实现对所需要内容的访问。PHP 5 的常用预定义变量见表 2-8。

表 2-8　预定义变量

常量名	作　　用
$_SERVER	服务器变量，由 Web 服务器设定或者直接与当前脚本的执行环境相关联，是一个包含诸如头信息、路径和脚本位置的数组
$_GET	HTTP GET 变量，是经由 URL 请求提交至脚本的变量，是通过 HTTP GET 方法传递的变量组成的数组
$_POST	HTTP POST 变量，是经由 HTTP POST 方法提交至脚本的变量，是通过 HTTP POST 方法传递的变量组成的数组
$_COOKIE	HTTP Cookies 变量，是经由 HTTP Cookies 方法提交至脚本的变量，是通过 HTTP Cookies 传递的变量组成的数组
$_FILES	HTTP 文件上传变量，是经由 HTTP POST 文件上传而提交至脚本的变量，是通过 HTTP POST 方法传递的已上传文件项目组成的数组
$_ENV	环境变量，是执行环境提交至脚本的变量
$_SESSION	会话变量，是当前注册给脚本会话的变量，是包含当前脚本中会话变量的数组

【例 2-17】通过服务器变量获取有关信息。程序 variable.php 代码如下：

```php
<?php
    echo ".请求页面时用的通信协议：".$_SERVER['SERVER_PROTOCOL']."<br/>";
    echo ".服务器使用的 CGI 规范的版本：".$_SERVER['GATEWAY_INTERFACE']."<br/>";
    echo ".当前正在执行脚本的文件名：".$_SERVER['PHP_SELF']."<br/>";
    echo ".当前正在执行脚本的绝对路径：".$_SERVER['SCRIPT_FILENAME']."<br/>";
    echo ".正在浏览当前页面用户的 IP 地址：".$_SERVER['REMOTE_ADDR']."<br/>";
?>
```

运行结果如图 2-18 所示。

图 2-18　程序运行结果

2.3.3　变量的作用域

变量的作用域是指变量在哪些范围内能被使用，在哪些范围内不能被使用，即变量可以被访问的有效范围。PHP 中变量的作用域有全局变量、局部变量和静态变量。

1. 全局变量（global variable）

全局变量可以在程序的任何地方被访问。要将一个变量声明为全局变量，只需要在该变量前面加上关键字"global"（不区分大小写，也可以是 GLOBAL）即可。使用全局变量，能够实现在函数内部引用函数外部的参数，或者在函数外部引用函数内部的参数。

【例 2-18】全局变量练习。程序 global.php 代码如下：

```php
<?PHP
    $a=123;
    function aa()
    {
        global $a; //把$a 定义为 global 变量
        echo $a; //调用函数体外的变量
    }
    aa();            //输出结果为 123，说明函数体内可以使用函数体外的变量
?>
```

运行结果如图 2-19 所示。

图 2-19　程序运行结果

2. 局部变量（local variable）

局部变量是声明在某一函数体内的变量。该变量的作用范围仅限于其所在的函数体的内部。如果在函数体的外部引用这个变量，则系统将会认为引用的是另外一个变量。

【例 2-19】局部变量练习。程序 local.php 代码如下：

```php
<?php
    $count =10;
    function AddCount()
    {
            $count = 100;
            $count = $count + $count;
            echo $count;
            echo "<br/>";
    }
    AddCount();
```

```
        echo $count;
    ?>
```

运行结果如图 2-20 所示。

图 2-20　程序运行结果

3. 静态变量（static variable）

静态变量只存在于函数作用域内，也就是说，静态变量只存活在栈中。一般的函数内变量在函数结束后会释放，比如局部变量，但是静态变量却不会。就是说，下次再调用这个函数的时候，该变量的值会保留下来。只要在变量前加上关键字"static"，该变量就成为静态变量了。

【例 2-20】静态变量练习。程序 static.php 代码如下：

```php
    <?php
        function myTest() {
        static $x=0;     //静态变量
            echo $x;
        $x++;
            }
        myTest();
        myTest();
        myTest();
    ?>
```

运行结果如图 2-21 所示。

图 2-21　程序运行结果

2.3.4 可变变量

PHP 支持一种特殊的变量使用方式，即可变变量，这种变量的名称是由其他变量的值决定的，因此这个变量的名称是可变的。声明一个可变变量的方法为在变量名称前面加两个 "$" 符号。

【例 2-21】 可变变量练习。程序 mutable.php 代码如下：

```php
<?php
    $name="Jack";                          //普通变量
    $$name=19;                             //可变变量
    echo $$name;        echo "<br/>";      //输出 19
    echo "${$name}";echo "<br/>";          //输出 19
    echo $Jack;    echo "<br/>";           //输出 19
    echo ${"Jack"};    echo "<br/>";       //输出 19
    $name=123;                             //改变$name 的值
?>
```

运行结果如图 2-22 所示。

图 2-22 程序运行结果

2.4 PHP 运算符及表达式

运算符是用来对数值和变量进行某种操作运算的符号。一般地说，PHP 运算符可以根据操作数的个数分为一元运算符、二元运算符、三元运算符。一元运算符，例如!（取反运算符）或++（自加运算符），PHP 支持的大多数运算符都是这种二元运算符，例如+、-、*、/等算术运算符，而三元运算符只有一个(?:)。另外，按运算符的功能，可以分为算术运算符、字符串运算符、赋值运算符、位运算符、递增或递减运算符、比较运算符、逻辑运算符和条件运算符。

2.4.1 算术运算符

算术运算符就是用来处理四则运算的符号，这是最简单，也最常用的

算术运算符

符号，尤其是数字的处理，几乎都会使用到算术运算符号。常用的算术运算符及其说明见表 2-9。

表 2-9　常用的算术运算符

算术运算符	名称	例子
+	加法运算	$a+$b
−	减法运算	$a−$b
*	乘法运算	$a*$b
/	除法运算	$a/$b
%	求余运算	$a%$b

【例 2-22】算术运算符练习。程序 arithmetic.php 代码如下：

```php
<?php
    $a = 12;
    $b = 6;
    $c = 7;
    echo $a+$b."<br>\n";            //加法运算
    echo $a-$b."<br>\n";            //减法运算
    echo $a*$b."<br>\n";            //乘法运算
    echo $a/$b."<br>\n";            //除法运算
    echo $a%$c."<br>\n";           //求余运算
?>
```

运行结果如图 2-23 所示。

图 2-23　程序运行结果

注意：在算术运算符中，使用"%"求余，结果的符号与被除数符号相同。如：−5%（−3）=−2。

2.4.2　字符串运算符

字符串运算符主要用于连接两个字符串，PHP 有两个字符串运算符："."和".="。

".", 返回左、右参数连接后的字符串; ".=", 将右边参数附加到左边参数后面, 它可看成赋值运算符。

【例 2-23】字符串运算符练习。程序 string.php 代码如下:

```php
<?php
    $a="Hello ";
    $b="World";
    echo $a.$b."<br>\n";                //输出 Hello World
    $a.= "World";
    echo $a;                            //输出 Hello World
?>
```

运行结果如图 2-24 所示。

图 2-24   程序运行结果

2.4.3   赋 值 运 算 符

赋值运算符的作用是将右边的值赋给左边的变量, 最基本的赋值运算符是 "="。常用的赋值运算符及其说明见表 2-10。

表 2-10   常用赋值运算符

赋值运算符	名称	例子	等价形式	含义
=	赋值	$a=$b	$a=$b	将右边的值赋给左边
+=	加	$a+=$b	$a=$a+$b	将右边的值赋加到左边
-=	减	$a-=$b	$a=$a-$b	将右边的值减到左边
*=	乘	$a*=$b	$a=$a*$b	将左边的值乘以右边
/=	除	$a/=$b	$a=$a/$b	将左边的值除以右边
%=	求余	$a%=$b	$a=$a%$b	将左边的值对右边求余
.=	连接字符	$a.=$b	$a=$a.$b	将右边的值连接到左边

【例 2-24】赋值运算符练习。程序 assignment1.php 代码如下:

```php
<?php
    $a=10;
    $b=3;
    $num=$a+$b;
    echo $num."<br/>";          //将$a+$b 的结果值赋给$num，$num 值为 13
    $num=($c=6)+4;
    echo $num."<br/>";          //$c 的值为 6，$num 的值为 10
    $a+=6;
    echo $a."<br/>";            //等同于$a=$a+6，$a 赋值为 16
    $b-=2;
    echo $b."<br/>";            //等同于$b=$b  2，$b 赋值为 1
    $a*=2;
    echo $a."<br/>";            //等同于$a=$a*2，$a 赋值为 32
    $b/=0.5;
    echo $b."<br/>";            //等同于$b=$b/0.5，$b 赋值为 2
    $string="连接";
    $string.="字符串";
    echo $string."<br/>";        //等同于$string=$string."字符串"，$string 赋值为"连接字符串"
?>
```

运行结果如图 2-25 所示。

图 2-25　程序运行结果

2.4.4　位运算符

位运算符可以操作整型和字符串型两种类型数据。它操作整型数的指定位置位，如果左、右参数都是字符串，则位运算符将操作字符的 ASCII 值。常用的位运算符及其说明见表 2-11。

表 2-11　常用位运算符

位运算符	名称	例子	结　　果
&	按位与	$a & $b	将$a 和$b 中都为 1 的位设为 1
|	按位或	$a | $b	将$a 或$b 中为 1 的位设为 1
^	按位异或	$a ^ $b	将$a 和$b 中不同的位设为 1
~	按位非	~ $a	将$a 中为 0 的位设为 1，反之亦然
<<	左移	$a << $b	将$a 中的位向左移动$b 次（每一次移动都表示"乘以"）
>>	右移	$a >> $b	将$a 中的位向右移动$b 次（每一次移动都表示"除以"）

【例 2-25】位运算符练习。程序 bitwise.php 代码如下：

```php
<?php
    $a=10;
    $b=3;
    $num=$a&$b;
    echo $num."<br/>";        //将$a 和$b 按位与运算，$num 值为 2
    $num=$a|$b;
    echo $num."<br/>";        //将$a 和$b 按位或运算，$num 值为 11
    $a=$a^$b;
    echo $a."<br/>";          //将$a 和$b 按位异或运算，$a 值为 9
    $b=~$b;
    echo $b."<br/>";          //$b 取反，$b 赋值为-4
    $a=$a<<2;
    echo $a."<br/>";          //$a 左移 2 位，$a 赋值为 36
    $b=$b>>2;
    echo $b."<br/>";          //$b 右移动 2 位，$b 赋值为-1
?>
```

运行结果如图 2-26 所示。

图 2-26　程序运行结果

2.4.5 递增或递减运算符

PHP 支持 C 语言风格的递增与递减运算符。PHP 的递增/递减运算符主要是对整型数据进行操作，同时对字符也有效。这些运算符是前加、后加、前减和后减。前加是在变量前有两个 "+" 号，如 "++$a"，表示$a 的值先加 1，然后返回$a。后加的 "+" 在变量后面，如 "$a++"，表示先返回$a，然后$a 的值加 1。前减和后减与加法类似。

递增递减运算符

【例 2-26】递增、递减运算符练习。程序 incrementa.php 代码如下：

```php
<?php
    $a=5;                               //$a 赋值为 5
    echo ++$a."<br/>";                  //输出 6
    echo $a."<br/>";                    //输出 6
    $a=5;
    echo $a++."<br/>";                  //输出 5
    echo $a."<br/>";                    //输出 6
    $a=5;
    echo --$a."<br/>";                  //输出 4
    echo $a."<br/>";                    //输出 4
    $a=5;
    echo $a--."<br/>";                  //输出 5
    echo $a."<br/>";                    //输出 4
?>
```

运行结果如图 2-27 所示。

图 2-27　程序运行结果

2.4.6 比较运算符

比较运算符用于对两个值进行比较。不同类型的值也可以进行比较，如果比较的结果为真，则返回 True，否则返回 False。常用的比较运算符及其说明见表 2-12。

比较运算符

表 2-12　常用比较运算符

比较运算符	名称	例子	结果
>	大于	$a > $b	TRUE，如果$a 大于$b
>=	大于等于	$a >= $b	TRUE，如果$a 大于或等于$b
<	小于	$a < $b	TRUE，如果$a 小于$b
<=	小于等于	$a <= $b	TRUE，如果$a 小于或等于$b
!=	不等于	$a != $b	TRUE，如果$a 不等于$b
!==	不全等（完全不同）	$a !== $b	TRUE，如果$a 不等于$b，且类型不相同
==	等于	$a == $b	TRUE，如果$a 等于$ b
===	全等（完全相同）	$a === $b	TRUE，如果$a 等于$b，且类型相同

【例 2-27】比较运算符练习。程序 compare1.php 代码如下：

```php
?php
    $x=100;
    $y="100";
    var_dump($x == $y); // 因为值相等，返回 true
    var_dump($x === $y); // 因为类型不相等，返回 false
    var_dump($x != $y); // 因为值相等，返回 false
    var_dump($x !== $y); // 因为值不相等，返回 true
    var_dump($x > $y);
    var_dump($x <  $y);
?>
```

运行结果如图 2-28 所示。

图 2-28　程序运行结果

2.4.7 逻辑运算符

逻辑运算符可以操作布尔型数据，PHP 中的逻辑运算符有 6 种，见表 2-13。

逻辑运算符

表 2-13　常用逻辑运算符

逻辑运算符	名称	例子	结果
and	逻辑与	$a and $b	TRUE，如果 $a 与 $b 都为 TRUE
or	逻辑或	$a or $b	TRUE，如果 $a 或 $b 任意一个为 TRUE
xor	逻辑异或	$a xor $b	TRUE，如果 $a 或 $b 任意一个为 TRUE，但不同时是
!	逻辑非	! $a	TRUE，如果 $a 不为 TRUE
&&	逻辑与	$a && $b	TRUE，如果 $a 与 $b 都为 TRUE
||	逻辑或	$a || $b	TRUE，如果 $a 或 $b 中任意一个为 TRUE

【例 2-28】逻辑运算符练习。程序 logic.php 代码如下：

```php
<<?php
    $m=10;
    $n=6;
    if($m>5&&$n<=8)                        //判断$m>5 和$n<=8 是否都是 TRUE
    {
    echo "YES!";                           //输出"YES!"
    }
?>
```

运行结果如图 2-29 所示。

图 2-29　程序运行结果

2.4.8　条件运算符

PHP 还提供了一种三元运算符（?:）。它与 C 语言中的相同，语法格式如下：

```
condition?value if TRUE: value if FALSE
```

condition 是需要判断的条件，当条件为真时，返回冒号前面的值，否则返回冒号后面的值。

条件运算符

【例 2-29】条件运算符练习。程序 condition.php 代码如下：

```php
<?php
    $a=10;
    $b=$a>100? 'YES':  'NO';
    echo $b;                    //输出"NO"
    ?>
```

运行结果如图 2-30 所示。

图 2-30　程序运行结果

2.4.9　运算符优先级

一般来说，运算符具有一组优先级，也就是它们的执行顺序。运算符还有结合性，也就是同一优先级的运算符的执行顺序，这种顺序通常是从左到右（简称左）、从右到左（简称右）或者非结合。表 2-14 从高到低列出了 PHP 运算符的优先级，同一行中的运算符具有相同优先级，此时它们的结合性决定了求值顺序。

表 2-14　PHP 运算符优先级

结合方向	运算符	附加信息
无	clone new	clone 和 new
左	[	array( )
右	++ — ~ (int) (float) (string) (array) (object) (bool) @	类型和递增/递减
无	instanceof	类型
右	!	逻辑运算符
左	* / %	算术运算符
左	+ − .	算术运算符和字符串运算符
左	<< >>	位运算符

结合方向	运算符	附加信息
无	== != === !== <>	比较运算符
左	&	位运算符和引用
左	^	位运算符
左	|	位运算符
左	&&	逻辑运算符
左	||	逻辑运算符
左	? :	三元运算符
右	= += -= *= /= .= %= &= |= ^= <<= >>= =>	赋值运算符
左	and	逻辑运算符
左	xor	逻辑运算符
左	or	逻辑运算符
左	,	多处用到

对具有相同优先级的运算符,左结合方向意味着将从左向右求值,右结合方向则反之。对于无结合方向,具有相同优先级的运算符,该运算符有可能无法与其自身结合。举例说,在 PHP 中,1 < 2 > 1 是一个非法语句,而 1 <= 1 == 1 则不是。因为<=比==优先级高。例如:

```php
<?php
    $a = 3 * 3 % 5;               // (3 * 3) % 5 = 4
    $a = true ? 0 :true ? 1 :2;   // (true ? 0 :true) ? 1 :2 = 2
    $a = 1;
    $b = 2;
    $a = $b += 3;                 // $a = ($b += 3) → $a = 5, $b = 5
    // mixing ++ and + produces undefined behavior
    $a = 1;
    echo ++$a + $a++;            // may print 4 or 5
?>
```

所以,在读者非常清楚 PHP 运算优先级的前提下,书写运算符的时候,还是要以圆括号来标记优先级,这样可读性强,也是一个良好的编程习惯。

2.4.10 表达式

表达式是 PHP 最重要的基石。在 PHP 中,几乎所写的任何东西都是一个表达式。简单却最精确的定义表达式就是"任何有值的东西"。最基本的表达式就是常量和变量;一般的表达式大部分都是由变量和运算符组成的,如$a=5,就是表示将值 5 赋给变量$a;再复杂一点的表达式就是函数。

例如：

```
$a>$b
```

上面就是一个表达式。当$a 的值大于$b 时，该表达式值为 TRUE，否则为 FALSE。

表达式是通过具体的代码来实现的。我们经常通过一个表达式判断一个值（包括具体的数值和布尔值）来做下一步的操作。就像下面的例子一样。

```php
<?php
if ($a < $b) {
    echo "a< b";
}else{
    echo "a> b";
}
?>
```

上面的例子使用了 if 判断语句，判断条件就是括号里面"$a < $b"表达式，如果$a < $b 成立，就会输出"a< b"，否则输出"a> b"。这只是一个简单的表达式，在实际开发中会复杂很多。

PHP 中使用分号"；"来区分表达式和语句。可以将表达式包括在括号里面，就像上面的例子一样。可以简单地理解为：一个表达式加一个分号，就构成了一条 PHP 语句。例如：

```php
<?php
$a=100;
$b=200;
if ($a < $b) {
    echo "a< b";
}else{
    echo "a> b";
}
?>
```

上面的例子中，$a=100，$b=200，是表达式，if 括号里面的"$a < $b"也是表达式。最后要说的是，表达式广泛存在于我们的 PHP 程序设计中。

2.5　PHP 数据的输出

在本教程中，几乎在每个例子中都会用到输出语句，常用的输出语句有 echo( )、print( )、print_r( )和 var_dump( )。下面分别进行介绍。

2.5.1　常用输出语句

1. echo ( )

输出一个或多个字符串。实际上它并不是一个函数，所以不必对它使用括号，直接用 echo 就行。然而，如果希望向 echo( )传递一个以上的参数，使用括号将会生成解析错误。echo( )

函数比 print( )速度稍快一点。echo 输出多个字符串时，用逗号隔开。

2. print ( )

输出一个或多个字符串。同 echo 一样，实际上它并不是一个函数。print 有返回值，而 echo 没有，当其执行失败时，返回 false，成功则返回 true，速度比 echo 稍慢。只能打印出简单类型变量的值，如：int、string。

3. print_r ( )

可以把字符串和数字简单地打印出来，而数组则以括起来的键和值的列表形式显示，并以 array 开头。但 print_r( )输出布尔值和 NULL 的结果没有意义，因为都是打印"/n"。因此，用 var_dump( )函数更适合调试。

4. var_dump ( )

判断一个变量的类型与长度，并输出变量的数值，如果变量有值，输的是变量的值并回返数据类型。此函数显示关于一个或多个表达式的结构信息，包括表达式的类型与值。数组将递归展开值，通过缩进显示其结构。

【例 2-30】演示常用输出语句。程序 demo.php 代码如下：

```php
<?php
    //演示 PHP 中输出语句
    //创建一个数组变量
    $test='Hello';
    $array = array("1"=>"a","2"=>"b",array('c','d','e'));
    echo "</br>使用 echo()输出：".$test.$array."</br>";
        echo "</br>使用 print()输出</br>";
        print $test.$array;
            echo "</br>使用 print_r()输出</br>";
            print_r($test.$array);
                echo "</br>使用 var_dump()输出</br>";
                var_dump($test.$array);
    ?>
```

程序输出结果为：

使用 echo( )输出：HelloArray

使用 print( )输出

HelloArray

使用 print_r( )输出

HelloArray

使用 var_dump( )输出

string(10) "HelloArray"

2.5.2 输出运算符 "<?=   ?>"

如果需要在 HTML 代码中只嵌入一条 PHP 输出语句，可以使用 PHP 提供的另一种便捷的方法，即使用输出运算符 "<?=   ?>" 来输出数据。例如，将页面的背景颜色设置为红色，代码如下：

```
<body   bgcolor=<?='red'?>>
</body>
```

小　　结

本章主要介绍了 PHP 语言的基本语法、数据类型、常量、变量、运算符和表达式，并详细介绍了各种数据类型之间的转换和各种运算符的运算。基础知识是一门语言的核心，读者应牢牢掌握本章知识，对日后的学习起着至关重要的作用。

习　　题

一、选择题

1. 取余数运算符的符号是（　　）。

A. &　　　　　　　　B. %　　　　　　　　C. ￥　　　　　　　　D. #

2. 下面代码的执行结果是（　　）。

```php
<?php
    $a = "12str"+8;
    echo $a;
?>
```

A. 20　　　　　　　　B. 12str8　　　　　　C. 8　　　　　　　　D. 20str

3. 下面代码运行后，其输出结果应该为（　　）。

```php
<?php
    $a="PHP";
    function show(){
        $a="MySQL";
        global $a;
        echo $a;
    }
    echo $a;
    show();
?>
```

A. PHP　　　　　　　B. MySQL　　　　　　C. PHPPHP　　　　　D. PHPMySQL

4. 下面定义的数据类型中，是字符串型数据的是（　　）。

A. 100　　　　　　　B. true　　　　　　　C. null　　　　　　　D. "100"

5. 以下的注释符号中，不属于 PHP 注释的是（　　）。

A. //　　　　　　　　B. /*　　*/　　　　　　C. <!--　　-->　　　　D. #

二、填空题

1. 以下程序的输出结果是_____。

```php
<?php
    $b=201;
    $c=40;
    $a=$b>$c?4:5;
    echo $a;
?>
```

2. 下面代码的运行结果是_____。

```php
<?php
    $a = 8;
    $a++;
    echo $a++;
?>
```

3. 布尔型是 PHP 中较为常用的数据类型之一，它只有两个值：_____和_____。

4. 下面代码运行后输出的结果是_____。

```php
<?php
$a=true;
echo is_bool($a);
?>
```

5. 下面代码的运行结果是_____。

```php
$a = "hello";
  $b = &$a;
  $b = 100;
  echo $a;
```

6. 下面代码的运行结果是_____。

```php
function get_count( )
    {       static $count = 2;
      return $count++;    }
   $count = 5;
   get_count( );
echo get_count( );
```

三、简答题

1. PHP 注释种类有哪些？PHP 注释的主要作用是什么？

2. echo( )、print( )、print_r( )的区别是什么？

3. 用 PHP 写出显示客户端 IP 与服务器 IP 的代码。

第 3 章

PHP 流程控制

 知识要点:

- 条件控制语句
- 循环控制语句
- 跳转语句
- 终止 PHP 程序的运行

 本章导读:

学习了 PHP 开发基础,相信读者都已经对 PHP 的基本语法有了一定的了解。本章将重点介绍 PHP 流程控制语句。PHP 的流程控制语句有两种:条件控制语句和循环控制语句。主要的条件控制语句有 if 语句、if…else 语句、elseif 语句和 switch 语句;主要的循环控制语句有 while 循环、do while 循环、for 循环。为了让读者更好地应用 PHP 流程控制语句,编者在最后通过一个综合案例来应用这些技术。

3.1 条件控制语句

根据条件的不同,执行不同的程序代码,这就需要使用条件控制语句。PHP 中的条件控制语句有 if 语句、if…else 语句、elseif 语句和 switch 语句。下面分别进行介绍。

单分支与双分支
的选择结构

3.1.1 if 语句

if 语句是单分支的条件控制语句,仅当指定的条件成立时,才执行给定的代码。PHP 中 if 语句的语法格式为:

```
if(表达式)
{
    表达式的值为真时执行的代码段;
}
```

如果表达式的值为真,只需要执行一条代码,那么 if 后面的一对 "{}" 可以省略。格式如下:

```
if(表达式)
    表达式的值为真时执行的代码;
```

使用 if 语句的程序流程图如图 3-1 所示。

【例 3-1】使用 rand 函数随机生成一个 1～20 的整数$n，判断这个随机数是不是奇数，如果是，则输出结果。程序代码如下所示：

```php
<?php
$n=rand(1,20);
if($n%2==1)
{
    echo $n."是奇数";
}
?>
```

运行结果如图 3-2 所示。

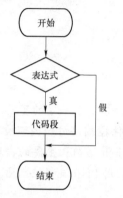

图 3-1　if 语句的程序流程图

图 3-2　if 语句执行结果

3.1.2　if…else 语句

在大多数情况下，总是需要在条件成立时执行一段代码，条件不成立时执行另一段代码。这种情况可以使用 if…else 语句，其语法格式如下所示：

```
if(表达式)
{
  表达式结果为真时执行的代码段 1;
}
else
{
  表达式结果为假时执行的代码段 2;
}
```

使用 if…else 语句的程序流程图如图 3-3 所示。

【例 3-2】获取系统当前时间，如果在中午 12 点以前，则输出上午好，否则输出下午好。程序代码如下所示：

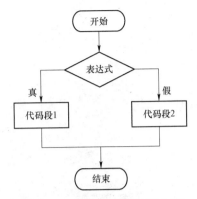

图 3-3　if…else 语句程序流程图

```php
<?php
    $h=date("H");
    if ($h<12)
    {
        echo "上午好";
    }
    else
    {
        echo "下午好";
    }
?>
```

运行结果如图 3-4 所示。

图 3-4　if…else 语句执行结果

3.1.3　elseif 语句

if…else 语句只适用于两种条件的情况，如果在若干条件之一成立时，执行一个代码段，则需要使用 if…elseif…else 语句。其语法格式如下所示：

```php
if(表达式 1)
{
```

多分支选择结构

```
        表达式 1 成立时执行的代码段 1;
    }
    elseif(表达式 2)
    {
        表达式 2 成立时执行的代码段 2;
    }
    …
    elseif(表达式 n-1)
    {
        表达式 n 成立时执行的代码段 n-1;
    }
    else
    {
        以上表达式都不成立时执行的代码段 n;
    }
```

使用 if…elseif…else 语句的程序流程图如图 3-5 所示。

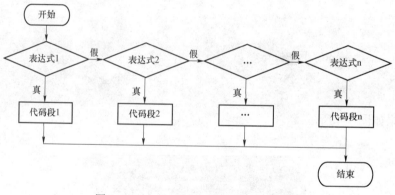

图 3-5   if…elseif…else 语句程序流程图

【例 3-3】获取系统当前时间，如果在 8 点前，输出早上好；如果在 8 点和 11 点之间，输出上午好；如果在 11 点和 13 点之间，输出中午好；如果在 13 点和 18 点之间，输出下午好，18 点以后，都是晚上好。程序代码如下所示：

```php
<?php
    $h=date("H");
    if ($h<8)
    {
        echo "早上好";
    }
    elseif($h<11)
    {
        echo "上午好";
```

```
        }
        elseif($h<13)
        {
            echo "中午好";
        }
        elseif($h<18)
        {
            echo "下午好";
        }
        else
        {
            echo "晚上好";
        }
    ?>
```

运行结果如图 3-6 所示。

图 3-6　elseif 语句执行结果

3.1.4　switch 语句

当判断条件比较多的时候，使用 if…elseif…else 语句编写程序代码量会很大，在 PHP 中使用 switch 语句也可以解决根据多个不同的条件执行不同代码段的问题。switch 语句的语法格式如下：

```
switch(表达式 c)
{
    case  表达式 1:
        代码段 1;
        break;
    case  表达式 2:
        代码段 2;
        break;
    …
```

```
    default:
        代码段 n;
        break;
}
```

执行 switch 语句首先计算表达式 c 的值，将结果依次与表达式 n 的值比较，如果相等，则执行该常量值后面的代码段，直到遇到 break 语句为止。如果不相等，则继续与下一个表达式值比较，依此类推。如果表达式 c 的值与所有的表达式 n 的值都不相等，则执行 default 语句后面的代码段。

值得注意的是，如果表达式 c 的值与某个表达式值相等，而这个表达式的值后面的代码段后没有 break 语句，那么程序将不再与下一个表达式值比较，直接贯穿到下一个表达式值后的代码段执行，直到遇到 break 语句为止。

switch 语句的程序流程图如图 3-7 所示。

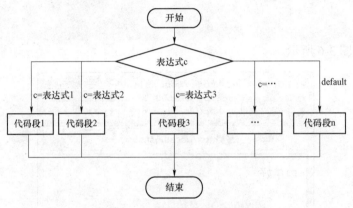

图 3-7　switch 语句程序流程图

【例 3-4】将百分制的成绩转换成等级制形式输出。程序代码如下所示：

```php
<?php
    $score=67;
    switch(floor($score/10))
    {
        case 10:
        case 9:
            echo "优秀";
            break;
        case 8:
            echo "良";
            break;
        case 7:
            echo "中";
            break;
```

```
        case 6:
            echo "及格";
            break;
        default:
            echo "不及格";
    }
?>
```

运行结果如图 3-8 所示。

图 3-8　switch 语句执行结果

3.2　循环语句

在 3.1 节中学习了条件控制语句，可以根据条件的不同执行不同的代码段，但这只能解决部分我们所遇到的问题。有时候，我们希望重复执行某段代码或函数，这就需要使用循环语句。

在 PHP 中提供了以下循环语句。

① while 语句，只要给定的条件成立，则重复执行循环体内的代码段。

② do…while 语句，先执行循环体内的代码段，再判断条件。如果条件成立，则重复执行循环体内的代码段。

③ for 语句，可以重复执行指定次数的代码段。

④ foreach 语句，可以循环遍历数组元素。数组的内容在本书的第 4 章介绍，因此 foreach 循环在此不做介绍。

循环语句

3.2.1　while 循环语句

while 循环语句是 PHP 中比较常用的循环语句，其语法格式如下：

```
while(表达式)
{
    重复执行的代码段;
}
```

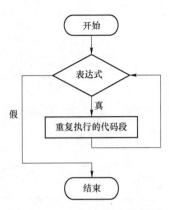

图 3-9　while 语句程序流程图

while 循环语句的执行步骤如下：

① 判断表达式的值，如果表达式的值为真，则跳到第②步；如果表达式的值为假，则跳到第④步。

② 执行重复执行的代码。

③ 重复第①步的操作。

④ 跳出循环，程序继续向下运行。

通过 while 循环语句的执行步骤可以看出，如果第一次判断表达式的值为假，则直接跳出循环，也就是说，while 循环有可能一次都没执行循环体内的代码段。while 循环的程序流程图如图 3-9 所示。

【例 3-5】统计 100 以内所有偶数的和。程序代码如下所示：

```php
<?php
$sum=0;
$i=1;
while($i<=100)
    {
    if($i%2==0)
         $sum+=$i;
    $i++;
}
echo "100 以内所有偶数的和为：".$sum;
?>
```

运行结果如图 3-10 所示。

图 3-10　while 语句执行结果

3.2.2　do…while 循环语句

do…while 循环语句的语法格式如下：

```
do
```

```
    {
        重复执行的代码段;
    } while(表达式);
```

do…while 循环语句的执行步骤如下：

① 执行重复执行的代码。

② 判断表达式的值，如果表达式的值为真，则跳到第①步；如果表达式的值为假，则跳到第③步。

③ 跳出循环，程序继续向下运行。

do…while 循环的程序流程图如图 3-11 所示。可以看出，即使第一次判断表达式的值为假，也会先执行一次循环体内的代码段，也就是说，do…while 循环的循环体至少执行一次。

【例 3-6】输出 100（含 100）以内所有能被 7 整除的数。程序代码如下所示：

```php
<?php
$i=1;
do
    {
    if($i%7==0)
        echo $i."<br/>";
    $i++;
    }while($i<=100);
?>
```

运行结果如图 3-12 所示。

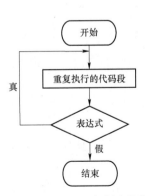

图 3-11   do…while 语句程序流程图　　　　图 3-12   do…while 语句执行结果

3.2.3   for 循环语句

for 循环是 PHP 中应用较广的循环，可以灵活地控制循环体的执行次数，当指定的条件为真时，循环执行代码块。语法格式如下：

```
for(表达式 1;表达式 2;表达式 3)
{
    重复执行的代码段;
}
```

for 循环语句的执行步骤如下：

① 首先执行表达式 1。

② 判断表达式 2 的值，如果表达式的值为真，则跳到第③步；如果表达式的值为假，则跳到第⑤步。

③ 执行重复执行的代码段，即循环体。

④ 执行表达式 3。

⑤ 跳出循环，程序继续向下运行。

for 循环的程序流程图如图 3-13 所示。可以看出，表达式 1 在整个循环的过程中只执行一次，因此，表达式 1 一般为循环变量赋初值的语句；表达式 2 的结果决定是否继续循环；表达式 3 的执行次数与循环体一致，一般为使循环趋向于结束的语句。其中表达式 1 和表达式 3 可以省略，也可以为多个表达式，如果是多个表达式，表达式间需要使用逗号分隔。需要注意的是，三个表达式之间的分隔符"；"是不允许省略的。

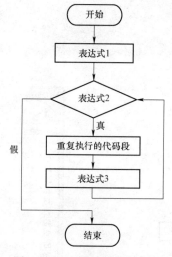

图 3-13   for 语句程序流程图

【例 3-7】rand(0,100)函数可以生成 0~100 的随机整数，编写程序统计经过多少次后能够生成 50。注意，这个结果不是固定的。程序代码如下所示：

```php
<?php
$num=rand(0,100);
for($i=1;$num!=50;$i++)
    {
        $num=rand(0,100);
    }
```

```
echo "经过".$i."次后随机生成了 50.";
?>
```

运行结果如图 3-14 所示。

图 3-14　for 语句执行结果

3.3　跳转语句

在 PHP 中使用循环语句的时候，可能会遇到在循环体内根据不同的情况而跳转到不同的地方执行，这时需要使用 PHP 中的跳转语句。

3.3.1　continue 语句

continue 关键字用在循环语句中，用来结束本次循环，继续进行下一次循环。使用方法见例 3-8。

【例 3-8】使用 continue 语句编写程序，输出 100 以内能被 3 整除的数。

```
<?php
$n=0;
for($i=1;$i<=100;$i++)
    {
    if($i%3!=0)
        continue;
    if($n%10==0)
        echo "<br/>";
    $num=sprintf("%02d ",$i);
    echo $num;
    $n++;
    }
?>
```

其中 sprintf("%02d ",$i)语句用来格式化变量 i，将其转化为字符串，如果 i 的位数不够两位，则在前面补 0。例 3-8 的运行结果如图 3-15 所示。

此外，continue 语句在多重循环中使用可以指定结束几重循环，见例 3-9。

图 3-15　continue 语句执行结果

【例 3-9】使用 continue 结束两重循环，继续执行两重循环的下一次循环。

```php
<?php
for($i=1;$i<=3;$i++)
    {
    echo "<br/>";
    for($j=1;$j<=100;$j++)
    {
        if($j%7==0)
        {
            continue 2;
        }
        else
        {
            echo $j." ";
        }
    }
    echo "i=".$i."<br/>";
}
?>
```

运行结果如图 3-16 所示。

图 3-16　使用 continue 结束两重循环运行结果

3.3.2 break 语句

break 关键字也可以用在循环语句中，其功能是提前结束循环，不再执行判断条件。

【例 3-10】输出 100 以内的所有素数。

```php
<?php
    for($i=2;$i<=100;$i++)
    {
        for($j=2;$j<$i;$j++)
        {
            if($i%$j==0)
                break;
        }
        if($j>=$i)
            echo $i.",";
    }
?>
```

运行结果如图 3-17 所示。

图 3-17 break 语句执行结果

此外，break 语句在多重循环中使用可以指定跳出几重循环，见例 3-11。

【例 3-11】使用 break 跳出两重循环。

```php
<?php
for($i=1;$i<=3;$i++)
    {
    echo "<br/>";
    for($j=1;$j<=100;$j++)
    {
        if($j%7==0)
        {
            break 2;
        }
        else
```

```
        {
            echo $j." ";
        }
    }
    echo "i=".$i."<br/>";
}
?>
```

运行结果如图 3-18 所示。

图 3-18　使用 break 跳出两重循环运行结果

3.3.3　终止 PHP 程序运行

die( )和 exit( )都是中止脚本执行函数。exit( )函数一般用在提前终止脚本执行的地方，而 die( )一般用来显示一个友好的错误信息，然后终止脚本的执行。

exit( )函数的用法见例 3-12。

循环应用

【例 3-12】使用 exit( )函数终止 PHP 程序运行。

```
<?php
for($num1=10;true;$num1--)
    {
    for($num2=4;true;$num2--)
    {
        if($num2==0)
        {
            exit();
        }
        else
        {
            echo $num1."/".$num2."=".$num1/$num2."<br/>";
```

```
        }
    }
}
?>
```

运行结果如图 3-19 所示。

图 3-19 exit( ) 函数运行结果

die( ) 函数的用法见例 3-13。

【例 3-13】 使用 die( ) 函数终止 PHP 程序运行。

```
<?php
for($num1=10;true;$num1--)
    {
    for($num2=4;true;$num2--)
    {
        if($num2==0)
        {
            die("除数不能为 0");
        }
        else
        {
            echo $num1."/".$num2."=".$num1/$num2."<br/>";
        }
    }
}
?>
```

运行结果如图 3-20 所示。

图 3-20　die( ) 函数运行结果

3.4　循环结构应用

【例 3-14】百钱买百鸡是非常经典的数学问题，题目很简单：公鸡 5 文钱一只，母鸡 3 文钱一只，小鸡 3 只一文钱，现要用 100 文钱买一百只鸡。编写程序输出符合条件的几种答案。

```php
<?php
    for($a=0;$a<=20;$a++)
        {
        for($b=0;$b<34;$b++)
        {
            $c=100-$a-$b;
            if($a*5+$b*3+$c/3 ==100)
        {
            echo "公鸡".$a."只，母鸡".$b."只，小鸡".$c."只<br/>";
            }
        }
    }
?>
```

运行结果如图 3-21 所示。

图 3-21　百钱买百鸡问题运行结果

【例 3-15】水仙花数（Narcissistic number）是指一个 n 位数（n≥3），它的每个位上的数字的 n 次幂之和等于它本身（例如，1^3 + 5^3+ 3^3 = 153）。请编写程序求出 3 位数的所有水仙花数。

```php
<?php
    for($a=1;$a<10;$a++)
    {
        for($b=0;$b<10;$b++)
        {
            for($c=0;$c<10;$c++)
            {
                if($a*$a*$a+$b*$b*$b+$c*$c*$c == $a*100+$b*10+$c){
                    echo $a*100+$b*10+$c."<br/>";
                }
            }
        }
    }
?>
```

运行结果如图 3-22 所示。

图 3-22　水仙花数问题运行结果

【例 3-16】完全数（Perfect number），又称完美数或完备数，是一些特殊的自然数。它所有的真因子（即除了自身以外的约数）的和，恰好等于它本身。如 6=1+2+3，即 6 就是一个完全数。请编写程序，输出 100 以内的所有完全数。

```php
<?php
    for($a=1;$a<=100;$a++)
    {
        $sum=0;
        for($b=1;$b<$a;$b++)
        {
            if($a%$b==0)
                $sum+=$b;
```

```
    }
    if($sum==$a)
        echo $a."<br/>";
    }
?>
```

运行结果如图 3-23 所示。

图 3-23　完全数问题运行结果

3.5　综合案例

【例 3-17】猜数字是一个非常有趣的益智类小游戏。游戏规则是电脑随机生成一个 1～100 的整数，玩家输入一个 1～100 的整数，如果玩家输入的数小于随机数，则提示输入的数小了，玩家重新输入；如果玩家输入的数大于随机数，则提示输入的数大了，玩家重新输入；如果玩家输入的等于随机数，则提示猜对了，游戏结束。请编写一个猜数字游戏的小程序。

```php
    <?php
$rnd=rand(1,100);
$str="";
if($_SERVER['REQUEST_METHOD']=='POST'){
    $num=$_POST['num'];
    if($_POST['rnd']!=null)
        $rnd=$_POST['rnd'];
    if($_POST['record']!=null)
        $str=$_POST['record'];
    if(is_numeric($num)){
        if($num>$rnd){
        $str=$str.'您输入的数'.$num.'大了，请重新输入&#13;&#10;';
    }
    else if($num<$rnd)
```

```
                {
                        $str=$str.'您输入的数'.$num.'小了，请重新输入&#13;&#10;';
                }
                else
                {
                        $str=$str.'恭喜恭喜！您输入的数'.$num.'对了&#13;&#10;';
                }
        }else{
                echo '数据类型有误，请重新输入';
        }
}
?>
<html>
        <head>
        <title>猜数字</title>
        </head>
        <body>
                <form method="POST" action="">
                        请输入一个[1-100]范围内的整数:<input type="text" name="num" /><br />
                        猜数游戏过程记录:<textarea  name="record"  cols="30"  rows="15"><?php
echo $str?></textarea><br />
                        <input name="rnd" type="hidden" value="<?php echo $rnd?>" />
                        <input type="submit" value="提交" /><input type="reset" value="清除" />
                </form>
        </body>
</html>
```

运行结果如图 3-24 所示。

图 3-24　猜数字游戏运行结果

小　结

　　本章重点讲述了 PHP 中的条件控制语句、循环语句和跳转语句。其中条件控制语句主要介绍了 if 语句、if…else 语句、elseif 语句和 switch 语句语法格式和使用方法；循环语句主要介绍了 while 语句、do…while 语句和 for 语句的一般形式和用途；跳转语句主要列举了 continue 语句、break 语句和终止 PHP 脚本运行的语句，并举例演示了跳转语句的用法。最后用一个猜数字小游戏的综合案例演示了 PHP 流程控制语句的应用。

习　题

一、选择题

1. 语句 for($k=0;$k=1;$k++);和语句 for($k=0;$k==1;$k++);执行的次数分别是（　　　）。
A. 无限和 0　　　　　　B. 0 和无限　　　　　C. 都是无限　　　　D. 都是 0

2. PHP 中可以实现条件控制的语句是（　　　）。
A. while　　　　　　　B. if　　　　　　　　C. for　　　　　　　D. do…while

3. continue 语句不可以用在（　　　）中。
A. for　　　　　　　　B. if　　　　　　　　C. while　　　　　　D. switch

4. 执行语句 for($i=1;$i++<4;);后，变量$i 的值为（　　　）。
A. 3　　　　　　　　　B. 4　　　　　　　　C. 5　　　　　　　　D. 不一定

5. 循环语句 for($n=10; $n-→0; $n--)的循环次数为（　　　）。
A. 10　　　　　　　　　B. 4　　　　　　　　C. 5　　　　　　　　D. 6

6. 当处理特定问题时的循环次数已知时，通常采用（　　　）来解决。
A. for 循环　　　　　　B. while 循环　　　　C. do 循环　　　　　D. switch 语句

7. 有如下程序：
```php
<?php
$n = 9;
while($n>6)
{
    $n--;
    echo $n;
}
?>
```
该程序的输出结果为（　　　）。
A. 987　　　　　　　　B. 876　　　　　　　C. 8765　　　　　　D. 9876

8. 以下程序执行后，$sum 的值为（　　　）。
```php
<?php
for($i=1;$i<6;$i++)$sum+=$i;
```

```php
echo $sum;
?>
```

A. 15　　　　　　　　B. 14　　　　　　　C. 有错误　　　　D. 0

9. 在下面的程序中，循环体执行了（　　）次。

```php
<?php
$t=0;
$count=0;
while($t=1)
{
   $count++;
}
echo $count;
?>
```

A. 1　　　　　　　　B. 0　　　　　　　　C. 2　　　　　　D. 无限次

10. 以下程序的输出结果为（　　）。

```php
<?php
$n=4;
while($n--)
   echo --$n;
?>
```

A. 20　　　　　　　B. 31　　　　　　　C. 321　　　　　D. 210

11. 一段脚本（　　）才算彻底终止。

A. 当调用 exit( ) 时

B. 当执行到文件结尾时

C. 当 PHP 崩溃时

D. 当 Apache 由于系统故障而终止时

二、填空题

1. _____循环语句的循环体至少执行一次。

2. 以下程序的输出结果是_____。

```php
<?php
for($i=0;$i<=10;$i++){
   if($i%3!=0){
        echo $i." ";
        continue;
   }
}
?>
```

3. 以下程序的输出结果为_____。

```php
<?php
$str="cd";
$$str="hotdog";
$$str.="ok";
echo $cd;
?>
```

4. 以下程序的输出结果为_____。

```php
<?php
$shidu=45;
if($shidu>=80){
    echo   "要下雨了";
}else if($shidu>=50){
    echo   "天很阴";
} else if($shidu>=30){
    echo   "很舒适";
} else if($shidu>=0){
    echo   "很干燥";
}
?>
```

5. 以下程序的输出结果为_____。

```php
<?php
$j=5;
switch($j){
    default：  echo   "no result";
    case 1：   echo "周一";
    case 2：   echo "周二";
    case 3：   echo "周三";
    case 4：   echo "周四";
    case 5：   echo "周五";
    case 6:
    case 7：   echo "周末";
}
?>
```

第4章

PHP 数组

 知识要点：

- 数组的概念
- 如何定义数组
- 数组的分类
- 数组转换函数
- 数组的遍历
- 数组元素检查函数
- 数组的统计
- 数组的排序

 本章导读：

在实际应用中，经常会需要保存大量相同类型的数据，这时使用普通变量的方法是不现实的，那么如何解决这样的问题呢？可以使用 PHP 数组。数组是对大量数据进行有效组织和管理的手段之一，通过数组的强大功能，可以对大量数据类型相同的数据进行存储、排序、遍历、删除、插入等操作，从而可以有效地提高程序开发效率及改善程序代码。为了让读者对 PHP 数组有一个更深入的了解，编者在最后通过一个综合实例来让读者了解 PHP 数组的应用。

4.1 数　　组

数组就是一组数据的集合，把一系列数据组织起来，形成一个可操作的整体。数组是一组有序的变量，其中每个变量都称为数组的一个元素，要区分每个元素，可以使用数组的下标，也称为键。数组中的每个元素都包含两部分：键和值，可以通过键来获取相应数组元素的值。

一维数组

在 PHP 中，定义数组的方式主要有两种：一种是应用 array( )函数，另一种是使用 "[ ]" 标识符，即直接为数组元素赋值。

有一个班级学生花名册，如果将其存储到单个变量中，如下所示：

```
$stus1="张鹏";
$stus2="王强";
$stus3="李亮";
```

...

一个班级有几十个学生，要定义几十个这样的变量，显然，这会为程序员带来很大的工作量，并且如果想遍历所有的变量，并找出某个学生，这无疑是一种很糟糕的解决方法。那么应该如何解决这样的需求呢？解决方法就是创建一个一维数组，因为在数组中可以通过键值访问某个数组元素。

4.1.1 通过数组标识符"[]"创建一维数组

为了方便对学生花名册的操作，可以创建一维数组。通过数组标识符"[]"创建一维数组的方式如下：

```
$stus[ ]="张鹏";
$stus[ ]="王强";
$stus[ ]="李亮";
...
```

需要注意的是，使用这种方式定义数组时，数组名必须相同。为了加深读者对这种定义数组方式的理解，下面列举一个实例，见例 4-1。

【例 4-1】使用"[ ]"标识符定义数组，保存 5 个学生的姓名，并输出到网页中。

```
<?php
$stus[ ]="张鹏";
$stus[ ]="王强";
$stus[ ]="李亮";
$stus[ ]="李莉";
$stus[ ]="陈诚";
print_r($stus);
?>
```

例 4-1 中的 print_r( )函数用于打印一个变量的信息。如果参数是字符串、整型或浮点型的变量，将打印变量值本身；如果参数是数组型变量，则会按照一定的格式显示键名和值。运行结果如图 4-1 所示。

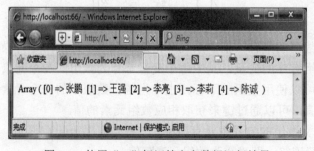

图 4-1 使用"[ ]"标识符定义数组运行结果

通过图 4-1 可以看出，如果在定义数组时不指定下标，默认是从 0 开始的。如果希望数组的下标从 1 开始，需要显示指定数组的下标，见例 4-2。

【例 4-2】使用"[ ]"标识符定义数组，下标从 1 开始，保存 5 个学生的姓名，并输出到网页中。

```php
<?php
$stus[1]="张鹏";
$stus[2]="王强";
$stus[3]="李亮";
$stus[4]="李莉";
$stus[5]="陈诚";
print_r($stus);
?>
```

4.1.2　使用 array( )函数创建一维数组

一维数组定义的另一种定义方法是使用 array( )函数。其语法格式如下：

```
array array([mixed…])
```

参数 mixed 的语法为 key=>value，多个参数 mixed 之间用逗号分开，分别定义索引（下标）和值。如果省略了索引，则自动产生从 0 开始的整数索引。如果索引是整数，则下一个产生的索引为当前索引值加 1。如果定义了两个完全一样的索引，则后面的数组元素会覆盖前一个数组元素。例 4-3 即是使用 array( )函数创建数组的实例。

【例 4-3】使用 array( )函数定义数组，保存 5 个学生的姓名，遍历数组的每个元素值输出到网页中，每个学生姓名占一行。

```php
<?php
$stus=array("张鹏","王强","李亮","李莉","陈诚");
for($i=0;$i<count($stus);$i++)
    echo $stus[$i]."<br/>";
?>
```

例 4-3 中的 count( )函数用来获取数组的长度，即数组中的元素个数，引用单个数组元素可以使用下标的形式。运行结果如图 4-2 所示。

图 4-2　使用 array( )函数定义数组运行结果

4.1.3　数组的分类

PHP 主要支持两种数组：数字索引数组和关联数组。数字索引数组使用整数作为键，关联数组使用字符串作为键。

1. 数字索引数组

数字索引数组有两种创建方法：

① 自动分配索引键（索引键总是从 0 开始）：

```
$weeks=array("Monday","Tuesday","Wednesday","Thursday","Friday","Saturday","Sunday");
```

② 人工分配索引键（索引键可以不是连续的）：

```
$weeks [1]=" Monday ";
$weeks [3]=" Tuesday ";
$weeks [5]=" Wednesday ";
```

2. 关联数组

关联数组的键值是指定的字符串。主要有两种创建方法：

① 使用 array( )函数的方法，见例 4-4。

【例 4-4】定义关联数组，保存 5 个学生的姓名，键值为相应学生的学号。遍历数组的每个元素并输出到网页中。

```php
<?php
$stus=array("1751501"=>"张鹏",
"1751502"=>"王强",
"1751503"=>"李亮",
"1751504"=>"李莉",
"1751505"=>"陈诚");
var_dump($stus);
?>
```

var_dump( )函数的功能是打印数组的内容，与 print_r( )函数的区别是 var_dump( )可以将每个元素的数据类型一并打印出来，而 print_r( )函数只是打印值。运行结果如图 4-3 所示。

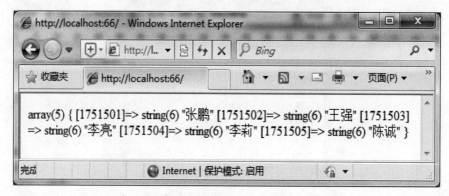

图 4-3　例 4-4 运行结果

② 使用 "[ ]" 标识符的方法, 如下:

```
$stus["1751501"]="张鹏";
$stus["1751502"]="王强";
$stus["1751503]="李亮";
```

关联数组只能使用键值字符串引用, 不能使用数值键引用。因此, 遍历关联数组就不能使用 for 循环。那么, 如果需要遍历关联数组, 应该怎么办呢? 这时可以使用 foreach 循环。foreach 循环的语法格式如下:

```
foreach ($array as $key=>$value)
{
        要执行的代码;
}
```

每进行一次循环, 当前数组元素的值就会被赋值给 $value 变量, 数组的键值赋给$key 变量, 然后数组指针会移动到下一个元素的位置, 因此, 在进行下一次循环时, 将看到数组中的下一个值。其中$array 为要遍历的数组, as 为关键字, 不能改变, $key 与$value 两个变量的名字可以自定义。如果不需要访问键值, 可以将 "$key=>" 省略。使用 foreach 循环遍历数组的用法见例 4-5。

【例 4-5】定义关联数组保存一周中每天所对应的中英文, 其中, 英文为键, 中文为值。遍历这个关联数组, 每天占一行。

```php
<?php
$weeks=array("Monday"=>"星期一",
        "Tuesday"=>"星期二",
        "Wednesday"=>"星期三",
        "Thursday"=>"星期四",
        "Friday"=>"星期五",
        "Saturday"=>"星期六",
        "Sunday"=>"星期日");
foreach($weeks as $key=>$value)
{
        echo $key.", ".$value;
        echo "<br/>";
}
?>
```

运行结果如图 4-4 所示。

图 4-4   使用 foreach 循环遍历关联数组运行结果

4.2   二维数组

一个数组中的值可以是另一个数组，这样的数组称为二维数组。

4.2.1   通过数组标识符 "[]" 创建二维数组

【例 4-6】使用数组标识符 "[]" 创建二维数组。

二维数组与数组
转换函数

```php
<?php
$classes[]=array("张三","李四");
$classes[]=array("赵洪亮","穆晓晓","杨明明");
$classes[]=array("张鹏","王强","李亮","李莉","陈诚");
print_r($classes);
?>
```

运行结果如图 4-5 所示。

图 4-5   使用数组标识符 "[]" 创建二维数组运行结果

4.2.2   使用 array( )函数创建二维数组

使用 array( ) 创建二维数组见例 4-7。

【例 4-7】编写程序，使用 array( )函数创建二维数组，保存三个班级和每个班级的学生姓名，遍历这个二维数组，将遍历结果显示到网页上。

```php
<?php
$classes=array(
    "一班"=>array("张三","李四"),
    "二班"=>array("赵洪亮","穆晓晓","杨明明"),
    "三班"=>array("张鹏","王强","李亮","李莉","陈诚")
    );
foreach($classes as $key=>$value)
{
    echo $key.":";
    for($i=0;$i<count($value);$i++)
            echo $value[$i].",";
    echo "<br/>";
}
?>
```

运行结果如图 4-6 所示。

图 4-6　使用 array( ) 创建二维数组运行结果

4.3　数组操作函数

4.3.1　转换数组函数

1. compact( )函数

compact( )函数用于将一个或多个变量，甚至数组变量转换为新的数组，这些变量的变量名就是数组的键，变量值是数组元素的值。语法格式如下：

array compact(mixed $varname[,mixed ...])

compact( )函数的使用见例 4-8。

【例 4-8】编写程序，使用 compact( )创建数组，保存一个学生的姓名、年龄和爱好并输出到网页中。

```php
<?php
$name="王丽";
$age=21;
$hobby=array("唱歌","跳舞","弹琴");
$array=compact("name","age","hobby");
print_r($array);
?>
```

运行结果如图 4-7 所示。

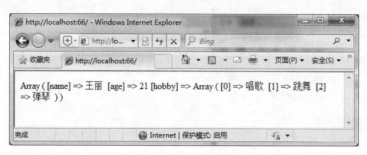

图 4-7　使用 compact( )创建数组运行结果

2. extract( )函数

extract( )函数的功能与 compact( )函数的相反，作用是将数组中的每个元素转化为变量，数组元素的键就是对应的变量名，数组元素的值就是对应变量的值。

【例 4-9】编写程序，使用 extract( )函数将保存一个学生的姓名、年龄和爱好的数组转化成三个变量，并将这三个变量的值输出到网页中。

```php
<?php
$array=array("name"=>"王丽","age"=>21,"hobby"=>array("唱歌","跳舞","弹琴"));
extract($array);
echo $name."<br/>";
echo $age."<br/>";
print_r($hobby);
?>
```

运行结果如图 4-8 所示。

图 4-8　使用 extract( )函数运行结果

3. array_combine( )函数

array_combine( )函数的功能是使用两个数组创建一个新的数组，新数组的键来源于第一个数组，值来源于第二个数组。其语法形式如下：

array array_combine(array $keys,array $values)

array_combine( )函数的使用见例 4-10。

【例 4-10】编写程序，使用 array_combine( )函数创建一个数组，保存一个学生的学号、姓名和年龄，并将数组的值打印到网页中。

```php
<?php
$arrayKeys=array("no","name","age");
$arrayValues=array("1751506","王丽",21);
$array=array_combine($arrayKeys,$arrayValues);
print_r($array);
?>
```

运行结果如图 4-9 所示。

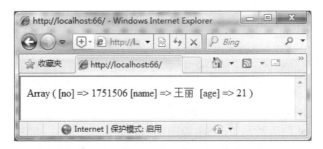

图 4-9　使用 array_combine( )函数运行结果

4. range( )函数

range( )函数的功能是用指定范围内的值创建一个数组。语法格式如下：

array range(mixed $low,mixed $high[,number $step])

参数$low 表示范围的最小值（含$low）；参数$high 表示范围的最大值（含$high）；参数$step 表示步进值，可以省略，如果省略，则步进值为 1。range( )函数的使用见例 4-11。

【例 4-11】编写程序，使用 range( )函数建立四个数组。

```php
<?php
$array1=range(7,11);
$array2=range(1,10,2);
$array3=range(10,2,-2);
$array4=range('A','F');
print_r($array1);
echo "<br/>";
print_r($array2);
echo "<br/>";
print_r($array3);
```

```
echo "<br/>";
print_r($array4);
?>
```

运行结果如图 4-10 所示。

图 4-10　使用 range( )函数运行结果

4.3.2　数组遍历函数

1. each( )函数与 list( )函数

each( )函数用来获取数组当前元素的值，获取之后指针移到下一个元素所在的位置，list( )函数的功能是将数组中某个变量的键和值分别赋给指定的变量。each( )函数与 list( )函数一起使用可以用来遍历数组元素的值。使用 each( )函数与 list( )函数遍历数组的方法见例 4-12。

数组遍历与检索
函数

【例 4-12】使用 each( )函数与 list( )函数遍历数组。

```
<?php
$array=array("name"=>"王丽","age"=>21,"hobby"=>array("唱歌","跳舞","弹琴"));
while(list($key,$value)=each($array))
{
    echo $key.":";
    print_r($value);
    echo "<br/>";
}
?>
```

运行结果如图 4-11 所示。

图 4-11　使用 each( )函数与 list( )函数遍历数组运行结果

2. key( )函数与 next( )函数

key( )函数用来获取数组当前元素的键名，next( )函数用来指向当前元素的指针后移，即指向下一个数组元素。key( )函数与 next( )函数一起使用可以遍历数组的所有键名。

【例 4-13】使用 key( )函数与 next( )函数遍历数组键名。

```php
<?php
$array=array("name"=>"王丽","age"=>21,"hobby"=>array("唱歌","跳舞","弹琴"));
for($i=1;$i<=count($array);$i++)
{
    echo key($array)."<br/>";
    next($array);
}
?>
```

运行结果如图 4-12 所示。

图 4-12　使用 key( )函数与 next( )函数遍历数组键名运行结果

4.3.3　数组检查函数

1. array_key_exists( )函数

array_key_exists( )函数的功能是检查数组中是否存在某个键名，其返回值为布尔型，如果存在，则返回 True，否则返回 False。其语法格式如下：

array_key_exists(mixed $key,array $search)

参数$key 为要查找的键名，参数$search 为检查的数组。array_key_exists( )函数的使用方法见例 4-14。

【例 4-14】

```php
<?php
$array=array("name"=>"王丽","age"=>21,"hobby"=>array("唱歌","跳舞","弹琴"));
if(array_key_exists("age",$array)==True)
    echo "数组中是否存在 age 键：True<br/>";
if(array_key_exists("stuno",$array)==False)
    echo "数组中是否存在 stuno 键名：False";
?>
```

运行结果如图 4-13 所示。

图 4-13　使用 array_key_exists( ) 函数运行结果

2. in_array( ) 函数与 array_search( ) 函数

in_array( ) 函数与 array_search( ) 函数都是用来判断某个值是否是数组元素的值。其主要区别就是 in_array( ) 函数返回的是布尔型，如果数组中存在这个值，则返回 True，否则返回 False。而在使用 array_search( ) 函数时，如果数组中存在这个值，则返回这个值对应的键名，如果不存在，则返回 NULL。in_array( ) 函数与 array_search( ) 函数的使用见例 4-15。

【例 4-15】in_array( ) 函数与 array_search( ) 函数使用实例。

```php
<?php
$array=array("name"=>"王丽","age"=>21);
if(in_array("王丽",$array)==True)
    echo "数组中是否存在值王丽：True<br/>";
echo "数组中是否存在 stuno 键名：".array_search("王丽",$array);
?>
```

运行结果如图 4-14 所示。

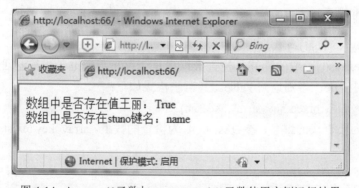

图 4-14　in_array( ) 函数与 array_search( ) 函数使用实例运行结果

4.4　数组的应用

数组在 PHP 中占有相当重要的作用，在实际应用 PHP 开发项目中，基本上都离不开数组。接下来将对数组统计和数组排序进行介绍。

4.4.1　数组统计

1. count( )函数与 sizeof( )函数

count( )函数与 sizeof( )函数都是用来统计数组元素的个数的。使用方法见例 4-16。

数组统计与排序

【例 4-16】

```php
<?php
$array=array(1,2,3,4,5,6,7,8,9);
echo count($array)."<br/>";
echo sizeof($array);
?>
```

运行结果如图 4-15 所示。

图 4-15　使用 count( )函数与 sizeof( )函数运行结果

2. array_count_values( )函数

array_count_values( )函数的功能是统计数组中每个不同元素的值的出现次数，返回一个新的数组。其语法格式如下。

array array_count_values(array $input)

参数$input 为需要统计的数组。

【例 4-17】 使用 array_count_values( )函数统计不同元素出现的次数。

```php
<?php
$array=array(1,2,1,3,5,1,2,4,1,3);
$total=array_count_values($array);
print_r($total);
?>
```

运行结果如图 4-16 所示。

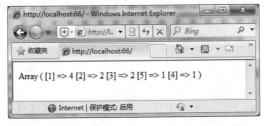

图 4-16　使用 array_count_values( )函数运行结果

4.4.2 数组排序

在 PHP 中，有专门对数组进行排序的函数，可以对数组进行升序或降序排序，也可以对数组元素按数字或字符串进行排序。

1. sort( )函数

sort( )函数的功能是对数组进行升序排序，排序后的结果删除了原来的键名，并重新分配自动索引的键名。其语法形式如下：

```
sort(array $array[,int $sort_flags=SORT_REGULAR])
```

参数$sort_flags 可以为以下 4 个值。

① SORT_REGULAR：正常比较元素，不改变类型，默认值。

② SORT_NUMERIC：元素被作为数字来比较。

③ SORT_STRING：元素被作为字符串来比较。

④ SORT_LOCALE_STRING：根据当前的区域设置把元素当作字符串比较。

【例 4-18】使用 sort( )函数分别以数字和字符串形式对数组进行升序排序。

```php
<?php
$array=array("123","13","245","26","15","25");
sort($array,SORT_NUMERIC);
echo "以数字形式排序：";
print_r($array);
echo "<br/>";
sort($array,SORT_STRING);
echo "以字符串形式排序：";
print_r($array);
?>
```

运行结果如图 4-17 所示。

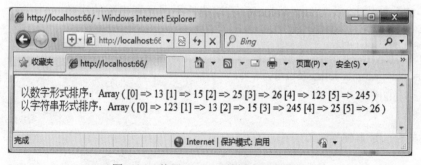

图 4-17 使用 sort( )函数排序运行结果

2. asort( )函数

asort( )函数的功能和用法与 sort( )函数的相似，主要区别就是使用 asort( )函数排序后，数组中的键名与元素值之间还保持原始的关系。

【例 4-19】使用 asort( )函数分别以数字和字符串形式对数组进行升序排序。

```php
<?php
$array=array("123","13","245","26","15","25");
asort($array,SORT_NUMERIC);
echo "以数字形式排序：";
print_r($array);
echo "<br/>";
asort($array,SORT_STRING);
echo "以字符串形式排序：";
print_r($array);
?>
```

运行结果如图 4-18 所示。

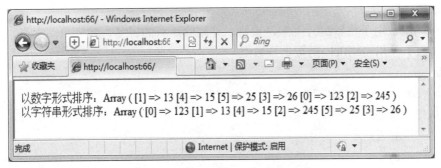

图 4-18　使用 asort( )函数排序运行结果

3. ksort( )函数

ksort( )函数的语法格式与 sort( )函数的一致，其作用是对数组的键名进行排序，排序后的数组保持键名与元素值之间的原始关系。ksort( )函数的使用方法见例 4-20。

【例 4-20】

```php
<?php
$array=array("13"=>"ab","121"=>"bc","245"=>"aa","26"=>"abc","15"=>"ca","25"=>"dd");
ksort($array,SORT_NUMERIC);
echo "以数字形式对键名排序：<br/>";
print_r($array);
echo "<br/>";
ksort($array,SORT_STRING);
echo "以字符串形式对键名排序：<br/>";
print_r($array);
?>
```

运行结果如图 4-19 所示。

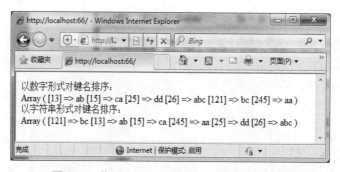

图 4-19　使用 ksort( )函数对键名排序运行结果

4. rsort( )函数、arsort( )函数和 krsort( )函数

rsort( )函数、arsort( )函数和 krsort( )函数是分别与 sort( )函数、asort( )函数和 ksort( )函数相对应的降序函数，其使用方法与相对应的函数使用方法一致，在此不再赘述。

5. shuffle( )函数

shuffle( )函数用于将数组打乱顺序重排，并删除原有的键名，建立自动索引。

【例 4-21】使用 shuffle( )函数重排数组。

```php
<?php
$array=array("a"=>"123","b"=>"13","c"=>"245","d"=>"26","15","25");
shuffle($array);
echo "重排数组：";
print_r($array);
?>
```

运行结果如图 4-20 所示。

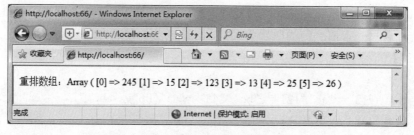

图 4-20　使用 shuffle( )函数重排数组运行结果

6. array_reverse( )函数

array_reverse( )函数用于对数组进行逆序排序，其语法格式如下：

array array_reverse(array $array[,bool $preserve_keys=false])

参数$array 表示用于逆序排序的数组，参数$preserve_keys 为布尔型，值为 True 时，表示保留原来的键名，值为 False 时，表示重新建立自动索引，如果此参数省略，默认为 False。如果数组元素的命名为字符串，则第二个参数不起作用，自动保留原来的键名。

【例 4-22】使用 array_reverse( )函数逆序排序数组。

```php
<?php
$array=array("0"=>"123","1"=>"13","2"=>"245","3"=>"26","4"=>"15","5"=>"25");
```

```
$newarray1=array_reverse($array);
echo "逆序排序数组: ";
print_r($newarray1);
$newarray2=array_reverse($array,true);
echo "<br/>逆序排序数组(保留原键名): ";
print_r($newarray2);
?>
```

运行结果如图 4-21 所示。

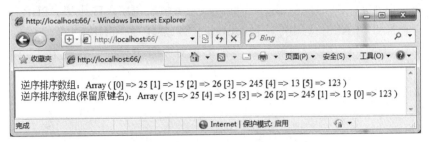

图 4-21 使用 array_reverse( )函数逆序排序数组运行结果

7. natsort( )函数

natsort( )函数的排序方式是按照人们通常对字母、数字和字符串进行排序的方法，排序后保持原有键名和元素值之间的关系，并对大小写敏感。

【例 4-23】使用 natsort( )函数排序数组。

```
<?php
$array=array("nav1"=>"icon1","nav15"=>"icon15","nav2"=>"icon2","nav25"=>"icon25",
"nav123"=>"icon123");
natsort($array);
echo "数组排序后: <br/>";
print_r($array);
?>
```

运行结果如图 4-22 所示。

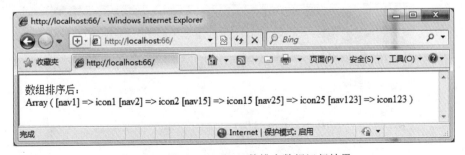

图 4-22 使用 natsort( )函数排序数组运行结果

8. array_multisort( )函数

array_multisort( )函数可以一次对多个数组进行排序。语法格式如下：

array_multisort(array $arr[,mixed $arg1 [,mixed $arg2 [,array $arr2[array $arr3…]]]])

参数$arr 为需要排序的第一个数组，参数$arg1 为排序顺序，可以省略，可能的值如下。

① SORT_ASC：按升序排列，默认值。

② SORT_DESC：按降序排列。

参数$arg2 为排序类型，可以省略，其可能的值如下：

① SORT_REGULAR：常规顺序排序，即标准 ASCII 顺序。默认值。

② SORT_NUMERIC：按数值顺序排序。

③ SORT_STRING：按字符串顺序排序。

④ SORT_LOCAL_STRING：基于当前区域设置按字符串顺序排序。PHP 5.3 新增。

⑤ SORT_NATURAL：使用类似于 natsort( )的自然排序。PHP 5.4 新增。

⑥ SORT_FLAG_CASE：可以结合多种形式对字符串排序，不区分大小写。PHP 5.4 新增。

参数$arr2 为第二个需要排序的数组，参数$arr3 为第三个需要排序的数组，都可以省略。其中$arr 数组为排序的主数组，与$arr 排序后的顺序对照，相应位置即为后面其他数组的排序结果，如果第一个数组中有元素值相同，则下一个数组相应元素按数值升序排序，依此类推。数组中的键名如果为字符串，则保持原有的键名和元素值关系不变；如果为数值，则重新自动生成索引。

【例 4-24】使用 array_multisort( )函数对多个数组排序。

```php
<?php
$subarray1=array("a"=>"34","b"=>"2","c"=>"34","d"=>"16","e"=>"123");
$subarray2=array("3"=>"45","5"=>"321","1"=>"5","4"=>"212","2"=>"17");
array_multisort($subarray1,SORT_DESC,SORT_NUMERIC,$subarray2);
echo "subarray1 排序后：<br/>";
print_r($subarray1);
echo "：<br/>subarray2 排序后：<br/>";
print_r($subarray2);
?>
```

运行结果如图 4-23 所示。

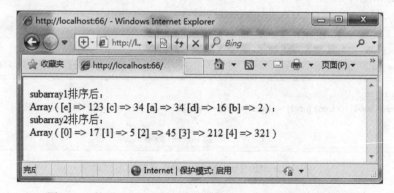

图 4-23 使用 array_multisort( )函数对多个数组排序运行结果

4.5　综合案例

综合案例动态
上传文件

本章介绍了这么多数组的相关知识，那么数组在项目开发中是如何应用的呢？下面将综合运用数组函数，实现将多个文件上传到服务器上的功能。

【例 4-25】动态添加附件并上传到服务器。

```php
<?php
if($_SERVER['REQUEST_METHOD']=='POST')
{
    for($i=0;$i<count($_FILES["upfile"]["name"]);$i++)
    {
        if($_FILES["upfile"]["error"][$i]>0)
        {
            echo "错误：".$_FILES["upfile"]["error"][$i]."<br/>";
    }
    else
    {

        echo "文件名:".$_FILES["upfile"]["name"][$i]."<br/>";
        echo "文件类型:".$_FILES["upfile"]["type"][$i]."<br/>";
        echo "文件大小:".$_FILES["upfile"]["size"][$i]."<br/>";
        echo "临时文件存储位置:".$_FILES["upfile"]["tmp_name"][$i]."<br/>";
        if(file_exists("upload/".$_FILES["upfile"]["name"][$i]))
        {
            echo "错误：".$_FILES["upfile"]["name"][$i]."文件已经存在";
        }
        else
        {
        move_uploaded_file($_FILES["upfile"]["tmp_name"][$i],"upload/".$_FILES
["upfile"]["name"][$i]);
            echo "文件上传成<br/>功";
        }
    }
    }
    }
}
?>
<html>
<head>
<title>上传文件</title>
```

```
<script language="javascript">
function add( )
{
    var content=document.getElementById("div1");
    var str=content.innerHTML;
    content.innerHTML=str+"<input type='file' name='upfile[]'/><br/>";
}
</script>
</head>
<body>
<form action="" method="post"n enctype="multipart/form-data">
    <label>上传附件：</label><input type="button" onclick="add( )" value="添加"/>
    <div id="div1"></div>
    <input type="submit" name="submit" value="提交"/>
</form>
</body>
</html>
```

运行结果如图 4-24 所示。

图 4-24 动态添加初始界面

单击图 4-24 中的"添加"按钮，可以浏览文件控件，可以多次单击，以达到添加多个文件的目的。图 4-25 所示即为添加三个文件的效果图。

图 4-25 添加三个文件效果图

单击图 4-25 中的"提交"按钮，三个文件上传成功，运行效果如图 4-26 所示。

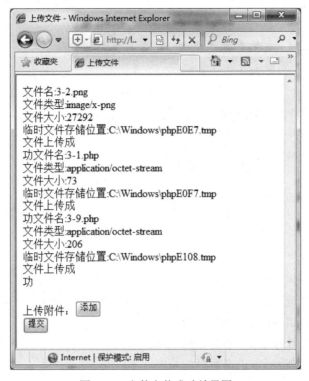

图 4-26　文件上传成功效果图

小　　结

本章重点讲述了什么是数组、如何定义数组、数组的分类，并详细介绍了数组转换函数、数组遍历函数和数组检查函数的用法。介绍了数组常用的几种应用，如数组统计和数组排序。最后以动态上传多个附件的综合案例演示了数组常用的方式，使读者能够对数组有一个全面的了解，并能够学以致用。

习　　题

一、选择题

1. 以下程序的运行结果为（　　　）。

```php
<?php
$array[10]="Dog";
$array[]="Human";
$array['myvalue']="cat";
echo "The Value is:";
```

```php
echo $array[10];
?>
```

A. The Value is:Dog   B. Dog

C. The Value is:cat   D. cat

2. 以下程序的运行结果为（　　　）。

```php
<?php
$array="0123456789ABCDEFG";
$s="";
for($i=1;$i<50;$i++)
{
    $s.=$array[rand(0,strlen($array)-1)];
}
echo $s;
?>
```

A. 50 个随机字符组成的字符串

B. 49 个相同字符组成的字符串，因为没有初始化随机数生成器

C. 49 个随机字符组成的字符串

D. 什么都没有，因为$array 不是数组

3. 使用（　　　）函数可以求得数组的长度。

A. $_COUNT["名称"]   B. $_CONUT["名称"]

C. count()   D. conut()

4. 以下程序的运行结果（　　　）。

```php
<?php
$A=array("Monday","Tuesday",3=>"Wednesday");
echo $A[2];
?>
```

A. Monday   B. Tuesday   C. Wednesday   D. 没有显示

5. 运行以下代码后，$array 数组的内容是（　　　）。

```php
<?php
$array=array('1','1');
foreach($array as $k=>$v)
{
$v=2;
}
?>
```

A. array ('2','2')   B. array ('1','1')   C. array (1, 1)   D. array (2,2)

6. 以下代码的输出结果是（　　　）。

```php
<?php
$array=array(0.1=>"a",0.2=>"b");
```

```php
echo count($array);
?>
```
A. 0　　　　　　　　B. 1　　　　　　　　C. 2　　　　　　　　D. 什么都没有

7. 运行以下程序的输出结果是（　　　）。
```php
<?php
$array=array(true=>"a",1=>"b");
echo count($array);
?>
```
A. 0　　　　　　　　B. 1　　　　　　　　C. 2　　　　　　　　D. 输出 NULL

8. 运行以下程序的输出结果是（　　　）。
```php
<?php
$array=array(3,2,1);
var_dump(sort($array));
?>
```
A. NULL

B. array(3) { [0]=> int(1) [1]=> int(2) [2]=> int(3) }

C. bool(true)

D. array(3) { [0]=> int(3) [1]=> int(2) [2]=> int(1) }

9. 运行以下程序的输出结果是（　　　）。
```php
<?php
$array=array(3,2,1,5,19,53,21,34,61,14);
$sum=0;
for($i=0;$i<count($array);$i++)
    $sum+=$array[$i];
echo $sum;
?>
```
A. 213　　　　　　　B. 21　　　　　　　C. 106　　　　　　　D. 75

10. 运行以下程序的输出结果是（　　　）。
```php
<?php
$array=array(3,2,1,5,19,53,21,34,61,14);
$sum=0;
for($i=3;$i<count($array);$i+=2)
    $sum+=$array[$i];
echo $sum;
?>
```
A. 213　　　　　　　B. 21　　　　　　　C. 106　　　　　　　D. 75

11. 运行以下程序的输出结果是（　　　）。
```php
<?php
$array=array(3,2,1,5,9,53,21,34,61,14);
```

```
$sum=0;
for($i=0;$i<5;$i++)
      $sum+=$array[$array[$i]];
echo $sum;
?>
```

A. 213   B. 21   C. 106   D. 75

二、填空题

1. 数字索引数组的键是_____，关联数组的键是_____。

2. 有如下数组：

```php
<?php
$array=array("red","green",42=>"blue",
"yellow"=>array("apple",9=>"pear","banana",
"orange"=>array("dog","cat","iguana")));
?>
```

_____的值为"cat"。

3. 以下程序的运行结果为_____。

```php
<?php
$hobby=array("Singing","Dance","Piano");
echo "I like " . $hobby[0] . ", " . $hobby[1] . " and " . $hobby[2] . ".";
?>
```

4. 以下程序的运行结果为_____。

```php
<?php
$array=array(true=>"a",1=>"b");
var_dump($array);
?>
```

5. 以下程序的运行结果为_____。

```php
<?php
$array=array(3,2,1);
sort($array);
print_r($array);
?>
```

第 5 章

PHP 函数

知识要点：

- PHP 函数
- PHP 变量函数库
- PHP 字符串函数库
- PHP 日期时间函数库
- PHP 数学函数库
- PHP 文件系统函数库

本章导读：

函数分为系统内部函数和用户自定义函数两种。在日常开发中，如果有一个功能或者一段代码要经常使用，就可以把它写成自定义函数，在需要时进行调用。除了自定义函数外，PHP 还提供了庞大的函数库，有几千种的内置函数，可以直接使用来轻松实现相应功能。在程序中调用函数的目的是简化编程的负担，减少代码量和提高效率，达到增加代码重用性，避免重复开发的目的。

5.1　函　数

在开发过程中，经常要重复某种操作或处理，如数据查询、字符操作等，如果每个模块的操作都要重新输一次代码，不仅令程序编写人员头痛不已，还对于代码的后期维护及运行效果有着较大的影响。使用 PHP 函数可以使这些问题迎刃而解。

5.1.1　函数的定义

函数，就是将一些重复使用的功能写在一个独立的代码块中，在需要时单独调用。创建函数的基本语法格式如下：

```
function   function_name($parametr1, $parametr2… $parametrn){
    function_body;
}
```

函数的定义

参数说明：

- function：声明自定义函数时必须使用的关键字。
- function_name：自定义函数的名称。

- $parameter1,$parameter2…$parametern：函数的参数。
- function_body：自定义函数的主体，是功能的实现部分。

当函数被定义后，所要做的就是调用这个函数。调用函数的操作十分简单，只需要引用函数名称并赋予正确的参数即可。

【例 5-1】定义函数 mysquare( )，计算传入的参数的平方数，然后连同表达式和结果一起输出。mysquare.php 代码如下：

```php
<?php
    //声明自定义函数
    function mysquare($num){
        return "$num*$num=".$num*$num;    //返回计算的结果
    }
    //调用函数并输出结果
    echo mysquare(5);
?>
```

程序运行结果如图 5-1 所示。

图 5-1　程序运行结果

5.1.2　函数的返回值

在例 5-1 中可以看到，函数是有返回值的，本章将讲解函数的返回值。通常，函数将返回值传递给调用者的方式是使用关键字 return。

return( )将函数的值返回给函数的调用者，即将程序控制权返回到调用者的作用域。如果在全局作用域内使用 return( )关键字，那么将终止脚本的执行。

函数的返回值

【例 5-2】使用 return( )函数返回一个操作数。先定义函数 values，函数的作用是输入商品的单价、质量，然后计算总金额，最后输出商品的价格。return.php 代码如下：

```php
<?php
    header("Content-type：text/html; charset=utf-8");
    //声明自定义函数
    function values($price,$weight){
```

```
        return "商品价格为：".($price+$price*$weight);   //返回计算的结果
    }
    //调用函数并输出结果
    echo values(5,10);
?>
```

程序运行结果如图 5-2 所示。

图 5-2　程序运行结果

return 语句只能返回一个参数，也就是说，只能返回一个值，不能一次返回多个。如果要返回多个结果，就要在函数中定义一个数组，将返回值存储在数组中返回。

5.2　函数的调用

PHP 函数的单向调用相对简单，这一点从例 5-1 和例 5-2 中就可以看出，引用函数名并赋予正确的参数即可完成函数的调用。

5.2.1　函数的嵌套调用

所谓嵌套调用，就是在函数中定义并调用其他函数。嵌套调用可以将一个复杂的功能分解成多个子函数，再通过调用的方式结合起来，有利于提高函数的可读性。

【例 5-3】定义一个函数来计算美国简单商品税，并将计算完的商品价格通过该函数内的另一个函数将其价格转换为人民币，输出最后结果。header.php 代码如下：

```
<?php
    header("Content-type：text/html; charset=utf-8");
    //计算美国简单商品税，$price 为商品价值（美元），$tax 为税率
    function example($price,$tax){
    /*实现货币转换美元兑换人民币，$yuan 为输入美元数值，$taxs 为当前汇率，有
缺省值*/
        function examples($yuan,$taxs=6.6303){
```

```
        return $yuan*$taxs;
    }
    $total=$price+($price*$tax);    //  计算商品税后的商品的总价值
    echo "价格是:$total 美元<br>";
    echo "价格是:".examples($total)."元<br>";  //调用嵌套函数
}
example(15.00,0.851500); //按 15 美元的商品价值进行兑换
?>
```

程序运行结果如图 5-3 所示。

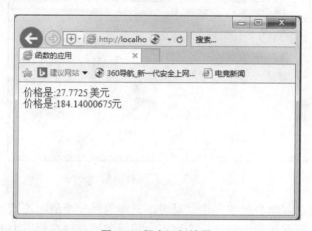

图 5-3　程序运行结果

除了自定义函数的嵌套调用，PHP 的函数嵌套调用主要在内置函数中进行，在后面的学习中，会逐渐接触更多的嵌套调用内容。

5.2.2　函数的递归调用

递归函数是常用到的一类函数，其最基本的特点是函数自身调用自身，但必须在调用自身前有条件判断，否则无限调用下去。

【例 5-4】利用递归函数完成$result 数组的赋值操作，要求数组的元素个数$a 不得超过 10，并在递归函数内部输出$a。result.php 代码如下：

```php
<?php
    //定义递归函数 test
    function test($a=0,&$result=array( )){
        $a++;
        if ($a<10) { //判断元素个数是否超过 10
            $result[]=$a;
            test($a,$result);//函数自身调用
        }
        echo $a.' ';
        return $result;
```

```
}
$myarray = array( );
test(0,$myarray);//调用递归函数 test
?>
```

程序运行结果如图 5-4 所示。

图 5-4　程序运行结果

从本例中可见，递归函数是考虑将引用作为参数，成为一个桥梁，形成两个函数间的数据共享。虽然两个函数间貌似操作的是不同地址，但是实际上操作的是一块内存地址。

PHP 的函数递归调用方式除了这种方式外，还有利用全局变量完成递归函数和利用静态变量完成递归的函数，在以后的学习中将逐步了解到。

5.2.3　函数中变量的作用域

作用域指的是在函数内部指定的变量的可访问性。换句话说，就是函数外部的 PHP 脚本不能使用函数内部声明的变量。

函数中变量的
作用域

【例 5-5】定义一个函数 sum( )，用于返回两个数的和，最终将定义在函数内部的两个数的和——c 变量在函数外部输出。代码如下：

```
<?php
    header("Content-type：text/html; charset=utf-8");
    //声明函数 sum，它有两个参数
    function sum($a,$b){
        $c = $a + $b;//定义函数内部变量 c
        return $c;//将 c 的值作为函数返回值
    }
    echo $c;//直接输出函数内部函数 c
?>
```

上面这个例子的输出结果会是什么呢？答案就是空值，并且在执行的过程中服务器还会提示 "Notice:Undefined variable"，也就是说，在代码中出现了未定义的变量。显而易见的是，变量 c 在函数 sum 中进行了声明，但 c 的作用域只限于这个函数本身，只能在函数内部使用，对于函数外的脚本，它一直保持其不可访问性。当在函数外部使用变量 c 的时候，它被当作一个新的变量来看待，就会出现"未定义的变量"。

虽然变量的作用域限制了从指定函数之外的访问能力，但是还可以从函数外部访问函数内部定义的变量，从而使脚本更灵活及动态性能更好。PHP 允许使用关键词 global 和 static 来实现这一点。

5.3　PHP 函数库

除了用户自行编写的函数外，PHP 自身也提供了很多内置的函数。本节将面向实际开发需求，向读者介绍一些常用的 PHP 函数库中的函数。

5.3.1　PHP 变量函数库

PHP 支持变量函数，那么什么是变量函数呢？下面通过一个实例来介绍变量函数的具体应用。

【例 5-6】首先定义 3 个函数，接着声明一个变量，通过变量来访问不同的函数。function.php 代码如下：

```php
<?php
header("Content-type：text/html; charset=utf-8");
    //定义一个函数
    function myRanking( ){
        echo "排名<br>";
    }
    //定义第二个函数
    function myFirst($name1 = "Rabbit"){
        echo "$name1  获得第一名<br>";
    }
    //定义第三个函数
    function mySecond($name2){
        echo "$name2  获得第二名<br>";
    }
    $ranking = "myRanking";     /*声明一个变量，把变量赋值为"myRanking"，与函数
名称相同*/
    $ranking( );               //使用变量函数来调用函数 myRanking
    $ranking = "myFirst";      //重新给变量赋值
    $ranking("tom");           //使用变量函数来调用"myFirst"
    $ranking = "mySecond";     //重新给变量赋值
    $ranking("cat");           //使用变量函数来调用"mySecond"
?>
```

程序运行结果如图 5-5 所示。

图 5-5　程序运行结果

可以看出，函数的调用是通过改变变量名来实现的，通过在变量名后面加上一对小括号，PHP 将自动寻找与变量名相同的函数，并且执行它。如果找不到对应的函数，系统将会报错。

PHP 变量函数库中的函数并不是都会经常用到，表 5-1 列出了一些常用到的 PHP 变量函数。

表 5-1　常用的变量函数

函数	描　　述
empty( )	检查一个变量是否为空，若变量非空，则返回 FALSE；反之，返回 TRUE
is_array( )	检测变量是否是数组，是 array，则返回 TRUE，否则返回 FALSE
isset( )	判断一个变量是否已经设置，若变量存在且值不为 NULL，则返回 TURE；反之，FALSE
print_r( )	输出一个或多个字符串
unset( )	销毁变量
var_dump( )	显示关于一个或多个表达式的结构信息，包括表达式的类型与值

5.3.2　PHP 字符串函数库

PHP 字符串函数在 PHP 开发中是一项非常重要的内容，必须掌握其中常用函数的使用方法。表 5-2 对 PHP 常用的字符串函数进行了总结。

表 5-2　常用的字符串函数

函数	描　　述
addcslashes( )	返回在指定的字符前添加反斜杠的字符串
echo( )	输出一个或多个字符串
explode( )	把字符串打散为数组

函数	描 述
implode( )	返回由数组元素组合成的字符串
ltrim( )	移除字符串左侧的空白字符或其他字符
md5( )	计算字符串的 MD5 散列
rtrim( )	移除字符串右侧的空白字符或其他字符
str_ireplace( )	替换字符串中的一些字符（对大小写不敏感）
strchr( )	查找字符串在另一字符串中的第一次出现（strstr( ) 的别名）
strcmp( )	比较两个字符串（对大小写敏感）
stripos( )	返回字符串在另一字符串中第一次出现的位置（对大小写不敏感）
strlen( )	返回字符串的长度
strstr( )	查找字符串在另一字符串中的第一次出现（对大小写敏感）
substr_replace( )	把字符串的一部分替换为另一个字符串
trim( )	移除字符串两侧的空白字符和其他字符

1. explode( )函数

explode( ) 函数把字符串打散为数组。该函数的语法如下：

explode(*separator,string,limit*)

具体参数见表 5-3。

表 5-3　参数介绍

参数	描 述
separator	必需。规定在哪里分割字符串
string	必需。要分割的字符串
limit	可选。规定所返回的数组元素的数目。 可能的值： ① 大于 0，返回包含最多 limit 个元素的数组 ② 小于 0，返回包含除了最后的 limit 个元素以外的所有元素的数组 ③ 0，返回包含一个元素的数组

【**例 5-7**】应用 explode( ) 函数来获取变量中的字符串，其中以 "," 进行分隔，data.php 代码如下：

```php
<?php
    header("Content-type:text/html;charset=utf-8");
    $data="张三,男,19,15012345678"; //声明一个变量
    list($name,$sex,$age,$phone)=explode(",",$data);//分割字符串
echo $name;echo "<br>";//输出变量的值
```

```
echo $sex;echo "<br>";//输出变量的值
echo $age;echo "<br>";//输出变量的值
echo $phone;echo "<br>";//输出变量的值        ?>
```

程序运行结果如图 5-6 所示。

图 5-6　程序运行结果

2. md5( ) 函数

md5( ) 函数计算字符串的 MD5 散列。该函数是一个编码的方式，但是不能解码。该函数的语法如下：

```
string md5(string,raw)
```

参数 string 为被加密的字符串，参数 raw 为布尔型，TRUE 表示加密字符串以二进制格式返回。

【例 5-8】应用 md5( )函数对字符串"123456"进行编码。md.php 代码如下：

```
<?php
echo md5("123456");
    ?>
```

程序运行结果如图 5-7 所示。

图 5-7　程序运行结果

通常情况下，为了保护用户注册信息的安全，应用 md5 函数对用户注册的密码进行加密操作。

5.3.3 PHP 日期时间函数库

PHP 通过内置的日期时间函数，完成对日期和时间的各种操作。常用的日期和时间函数见表 5-4。

表 5-4　常用的日期和时间函数

函数	描　　述
checkdate( )	验证日期有效性，如果日期是有效的，则返回 TRUE，否则返回 FALSE
date( )	格式化本地日期和时间，并返回已格式化的日期字符串
mktime( )	返回日期的 UNIX 时间戳
strtotime( )	将任何英文文本的日期或时间描述解析为 UNIX 时间戳
time( )	返回包含当前时间的 UNIX 时间戳的整数

1. checkdate( ) 函数

checkdate( ) 函数验证日期有效性，如果日期是有效的，则返回 TRUE，否则返回 FALSE。该函数的语法如下：

checkdate(*month,day,year*)

参数的详细说明见表 5-5。

表 5-5　参数介绍

参数	描　　述
month	必需。规定月，为 1～12 的数字值
day	必需。规定日，为 1～31 的数字值
year	必需。规定年，为 1～32 767 的数字值

【例 5-9】应用 checkdate( ) 函数判断日期是否有效，如果正确，则输出 1，否则不输出。check.php 代码如下：

```php
<?php
    $data = checkdate(10,8,2017);
    echo $data;
?>
```

程序运行结果如图 5-8 所示。

2. mktime( ) 函数

gmmktime( ) 函数返回整数的 UNIX 时间戳，如果错误，则返回 FALSE。该函数的语法规则如下：

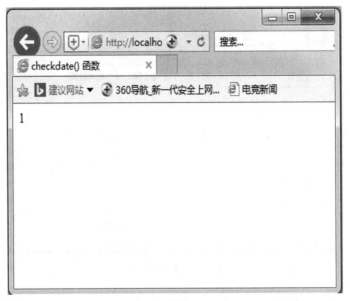

图 5-8 程序运行结果

mktime(*hour,minute,second,month,day,year,is_dst*)

参数的详细说明见表 5-6。

表 5-6 参数介绍

参数	描 述
hour	可选。规定小时
minute	可选。规定分
second	可选。规定秒
month	可选。规定月
day	可选。规定天
is_dst	可选。如果时间在夏令时（DST）期间，则设置为 1，否则设置为 0，若未知，则设置为–1（默认）。 如果未知，PHP 会自己进行查找（可能产生意外的结果）。 注意：该参数在 PHP 5.1.0 中被废弃，取而代之是新的时区处理特性

【例 5-10】应用 mktime( )函数返回一个日期的 UNIX 时间戳，然后使用它来查找该日期的天，并输出。mk.php 代码如下：

```php
<?php
    echo "Oct 3, 1975 was on a ".date("l", mktime(0,0,0,10,3,1975));
?>
```

程序运行结果如图 5-9 所示。

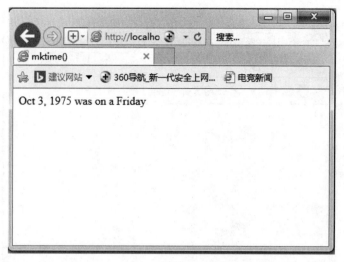

图 5-9　程序运行结果

从本例中也看到 PHP 内置函数的嵌套调用的使用。

5.3.4　PHP 数学函数库

PHP 提供了大量的内置数学函数，大大提高了开发人员在数学运算上的精准度。常用的数学函数见表 5-7。

表 5-7　常用的数学函数

函数	描　　述
abs( )	返回给定数字的绝对值
ceil( )	向上舍入为最接近的整数
floor( )	向下舍入为最接近的整数
sqrt( )	返回给定参数的平方根
decbin( )	将十进制数转换为二进制
fmod( )	返回除法的浮点数余数
max( )	取得最大值
min( )	取得最小值
rand( )	取得随机数值
round( )	四舍五入
getrandmax( )	返回可由 rand( ) 返回的随机数最大的可能值

1. ceil( ) 函数

ceil( ) 函数计算大于指定数的最小整数。该函数的语法规则如下：

ceil(x)

其中，参数 x 为浮点数。

【例 5-11】应用 ceil( )函数计算不同的数值并输出，查看这些数值运算的结果与原数值有什么不同。ceil.php 代码如下：

```php
<?php
    echo ceil(0.60).' ';
    echo ceil(0.40).' ';
    echo ceil(5).' ';
    echo ceil(5.1).' ';
    echo ceil(-5.1).' ';
    echo ceil(-5.9);
?>
```

程序运行结果如图 5-10 所示。

图 5-10　程序运行结果

可见，该函数返回不小于 x 的下一个整数，x 如果有小数部分，则进一位。该函数返回的类型还是 float，因为 float 值的范围通常比 integer 的要大。

2. rand( ) 函数

rand( ) 函数返回随机整数。该函数的语法规则如下：

rand(*min,max*)

参数的详细说明见表 5-8。

表 5-8　参数介绍

参数	描　　述
min,max	可选。规定随机数产生的范围

【例 5-12】应用 rand( )函数返回一些随机数，并输出。rand.php 代码如下：

```php
<?php
echo rand( ).' ';
echo rand( ).' ';
```

```
echo rand(10,100);
?>
```

程序运行结果如图 5-11 所示。

图 5-11　程序运行结果

可见，rand( )函数中如果没有提供可选参数 min 和 max，rand( ) 返回 0～RAND_MAX 之间的伪随机整数。

5.3.5　PHP 文件系统函数库

文件是存取数据的方式之一。相对于数据库而言，文件在使用上更加方便、直接。如果数据较少、较简单，使用文件存储无疑是最合适的方法。PHP 对文件的操作是通过内置的文件操作系统函数来完成的。常用的文件系统函数见表 5-9。

表 5-9　常用的文件系统函数

函数	描　　述
basename( )	返回路径中的文件名部分
file_exists( )	检查文件或目录是否存在，存在，则返回 TRUE，否则返回 FALSE
fopen( )	打开文件或者 URL，如果打开失败，返回 FALSE
fwrite( )	写入文件，返回写入的字符数，出现错误时，则返回 FALSE
fclose( )	关闭一个打开文件，如果成功，则返回 TRUE，否则返回 FALSE
fread( )	读取文件，返回所读取的字符串，如果出错，返回 FALSE
is_dir( )	检查指定的文件是否是目录，是，则返回 TRUE
mkdir( )	创建目录，若成功，则返回 TRUE，否则返回 FALSE
move_uploaded_file( )	将上传的文件移动到新位置，若成功，则返回 TRUE，否则返回 FALSE
rmdir( )	删除空的目录，若成功，则返回 TRUE，否则返回 FALSE
unlink( )	删除文件，若成功，则返回 TRUE，否则返回 FALSE

fopen( ) 函数打开文件或者 URL，并返回该文件的标识指针。该函数的语法规则如下：

fopen(*filename,mode,include_path,context*)

参数的详细说明见表 5-10。

表 5-10　参数介绍

参数	描　　述
filename	必需。规定要打开的文件或 URL
mode	必需。规定要求到该文件/流的访问类型
include_path	可选。如果也需要在 include_path 中检索文件，可以将该参数设为 1 或 TRUE
context	可选。规定文件句柄的环境。context 是可以修改流的行为的一套选项

【例 5-13】应用 fopen( )函数打开指定路径下的文件，并判断文件打开是否成功，成功，输出 true，失败，返回 false。代码如下：

```php
<?php
    $fileurl = "test.txt";
if(false==fopen($fileurl,'r')){
    echo "false";
}else{
    echo "true";
}
fclose($fileurl);
?>
```

运行结果：true

如果 PHP 认为 filename 指定的是一个本地文件，将尝试在该文件上打开一个流。该文件必须是 PHP 可以访问的，因此需要确认文件访问权限。

5.4　综合案例

很多时候我们在登录或注册或者填写一些表单信息时，或多或少地都会填写一些不完全符合系统需要的内容。

【例 5-14】在填写用户名等内容时多加了空格、在填写密码时超出了系统要求的长度等，系统都会有很多提示。这其实是系统对输入规则的一种保护措施，那么本章的综合实例就来使用函数过滤用户输入的多余内容，去除用户填写注册信息中的空格，并判断用户密码的填写长度。代码如下所示：

综合案例

```
<!DOCTYPE html PUBLIC "-//W3C//DTD XHTML 1.0 Transitional//EN" "http://www.
w3.org/TR/xhtml1/DTD/xhtml11-transitional.dtd">
<html xmlns="http://www.w3.org/1999/xhtml">
<head>
```

```php
<meta http-equiv="Content-Type" content="text/html; charset=utf-8" />
<title>去除和控制用户填写注册信息</title>
</head>
<body>
<?php
    /****
**以下数据为假设：从用户提交的表单信息获取的数据
****/
$username = " zhangsan1982";        //带空格的用户名
$password = "zhangsan19821111";     //密码长度较长的信息
$phone = "15812345678";             //手机号
$email = "zhangsan1982@163.com";    //邮箱
if(!empty($username) and !empty($password) and !empty($phone) and !empty($email)){
    /*使用 empty 函数判断用户输入的信息是否为空，如果都不为空，就判断用户输入
信息是否符合输入条件*/
    //下面使用 strlen 函数判断变量长度
    if(strlen($password)>12 or strlen($password)<6){//如果用户的输入密码不符合条件
        echo "<script>alert('您输入的密码格式不正确！');</script>"; /*使用 echo 函数输
出提示*/
    }else{//符合条件
        $data = array(                  //声明空数组，存储用户数据
            "username" => trim($username), //使用 trim 函数移除字符串两侧的字符
            "password" => $password,
            "phone" => $phone,
            "$email" => $email
        );
        print_r($data);     //使用 print_r 函数打印输入数组信息
    }
}else{//用户输入信息不完整，有空信息时，输出提示
    echo "<script>alert('请输入完整信息！');</script>"; //使用 echo 函数输出提示
}
?>
</body>
</html>
```

小　　结

　　本章主要介绍了 PHP 语言的自定义函数和内置函数的应用方法，这是在开发过程中应用
性极强的操作。熟练掌握自定义函数和内置函数的应用方法不但可以简化程序流程，而且可

以增强代码的重用性，降低开发成本，提高工作效率。

习　　题

一、选择题

1. 下列（　　　）函数是将数组转换为字符串。

A. implode( )　　　　　B. explode( )　　　　　C. arsort( )　　　　　D. natsort( )

2. 下列（　　　）选项是正确的引用文件的方法。

A. require 和 include　　　　　　　　B. require 和 function

C. define 和 include　　　　　　　　D. function 和 include

3. file( )函数返回的数据类型为（　　　）。

A. 数组　　　　　　　B. 字符串　　　　　　　C. 整型　　　　　　D. 根据文件来定

4. 以下字符的长度是（　　　）。

```php
<?php
    $text= " \tllo";
    echo strlen(trim($text));
?>
```

A. 9　　　　　　　　　B. 5　　　　　　　　　C. 7　　　　　　　D. 3

二、填空题

1. 输出字符串可以应用函数_____和_____来输出。

2. PHP 中用来删除当前目录的函数是_____。

3. 函数 var_dump 的意义是_____。

4. 下面一段代码的运行结果是_____。

```php
<?php
    $a= " php china php mrkj";
    echo strrchr($a, "china")."<br>";
?>
```

第6章

正则表达式

知识要点：

- 正则表达式
- 正则表达式的语法规则
- PHP 正则表达式函数的使用方法

本章导读：

　　字符串的操作，主要是使用 PHP 的内置 STRING 函数库，通过它可以实现对字符串的各种操作，其是 Web 程序开发不可缺少的内容之一。PHP 程序员必须掌握字符串的处理技术，才能编写出更加实用、完善的 Web 程序。本章将对字符串的常用技术进行讲解。在新技术层出不穷的今天，能让人难忘的和称得上伟大的却寥寥无几，但其中一定有正则表达式。然而，最容易让人忽略和遗忘的也是正则表达式。一方面，几乎所有的编程语言和文本编辑工具都支持正则表达式；另一方面，关于正则表达的书籍、资料却少之又少。本章虽然对正则表达式的讲解并不全面，但是，笔者相信常用的才是硬道理。

6.1　正则表达式简介

6.1.1　正则表达式的概念

　　简单地说，正则表达式是一种可以用于模式匹配和替换的强有力的工具，主要用于字符串的模式分割、匹配、查找及替换操作。可以在几乎所有的基于 UNIX 系统的工具中找到正则表达式的身影，例如，vi 编辑器、Perl 或 PHP 脚本语言，以及 awk 或 sed shell 程序等。此外，像 JavaScript 这种客户端的脚本语言也提供了对正则表达式的支持。由此可见，正则表达式已经超出了某种语言或某个系统的局限，成为人们广为接受的概念和功能。

正则表达式
的概念

　　正则表达式可以让用户通过使用一系列的特殊字符构建匹配模式，然后把匹配模式与数据文件、程序输入及 Web 页面的表单输入等目标对象进行比较，根据比较对象中是否包含匹配模式，执行相应的程序。

　　举例来说，正则表达式的一个最为普遍的应用就是用于验证用户在线输入的邮件地址的格式是否正确。如果通过正则表达式证明用户邮件地址的格式正确，用户所填写的表单信息将会被正常处理；反之，如果用户输入的邮件地址与正则表达式的模式不匹配，将会弹出提示信息，要求用户重新输入正确的邮件地址。由此可见，正则表达式在 Web 应用的逻辑判断中具有举足轻重的作用。

【例 6-1】使用正则表达式验证邮箱地址是否正确，如果正确，则输出 true；否则输出 false。zz.php 代码如下：

```php
<?php
    $mail = "lnvcliuren@163.com";     //邮箱地址
//正则表达式
$pattern = "/^[_a-z0-9-]+(\.[_a-z0-9-]+)*@[a-z0-9-]+(\.[a-z0-9-]+)*(\.[a-z]{2,})$/";
if(preg_match($pattern,$mail)){ //使用函数 preg_match 进行表达式匹配
    echo "true"; //正确匹配
}else{
    echo "false"; //无法匹配
}
?>
```

程序运行结果如图 6-1 所示。

图 6-1　程序运行结果

可见，如果想使用正则表达式，就必须将其放置到某种语言中，通过语言中的方法调用正则表达式对提交的信息进行验证。在 PHP 中有两套函数库支持正则表达式的处理操作：一套是由 PCRE（Perl Compatible Regular Expression，Perl 兼容正则表达式）库提供的，使用 "preg_" 为前缀命名的函数，如例 6-1 中使用的 preg_match 函数；另一套是由 POSIX（Portable Operating System Interface of UNIX）扩展提供的，使用以 "ereg_" 为前缀命名的函数（POSIX 的正则函数库，自 PHP 5.3 以后就不再推荐使用，从 PHP 6 以后，就被移除）。

6.1.2　正则表达式的基本语法

在对正则表达式的功能和作用有了初步的了解之后，就来具体看一下正则表达式的语法格式。正则表达式的形式一般如下：

/love/

其中位于"/"定界符之间的部分就是将要在目标对象中进行匹配的模式。用户只要把希望查找匹配对象的模式内容放入"/"定界符之间即可。

6.1.3 正则表达式的特殊字符

为了能够使用户更加灵活地定制模式内容，正则表达式提供了专门的"元字符"。

所谓元字符，就是指那些在正则表达式中具有特殊意义的专用字符，可以用来规定其前导字符（即位于元字符前面的字符）在目标对象中的出现模式。较为常用的元字符的相关说明和分类见表 6-1。

表 6-1 常用的元字符相关说明和分类

元字符	描　述
\	一般用于转义字符
^	匹配目标的开始位置（或在多行模式下是行首）
$	匹配目标的结束位置（或在多行模式下是行尾）
.	匹配除换行符外的任何字符（默认）
[	开始字符类定义
]	结束字符类定义
|	开始一个可选分支
(	子组的开始标记
)	子组的结束标记
?	量词，表示 0 次或 1 次匹配
*	量词，0 次或多次匹配
+	量词，1 次或多次匹配
{	自定义量词开始标记
}	自定义量词结束标记

模式中方括号内的部分称为"字符类"。在一个字符类中仅有以下可用元字符，见表表 6-2。

表 6-2 常用的元字符（字符类）

元字符	描　述
\	转义字符
^	仅在作为第一个字符（方括号内）时，表明字符类取反
-	标记字符范围

6.1.4 常用的正则表达式

常用的正则表达式见表 6-3。

表 6-3 部分常用的正则表达式

正则表达式	描述
"^[\w-]+(\.[\w-]+)*@[\w-]+(\.[\w-]+)+$"	E-mail 地址
^((\(\d{2,3}\))|(\d{3}\-))?(\(0\d{2,3}\))|0\d{2,3}-)?[1-9]\d{6,7}(\-\d{1,4})?$]	电话号码
/(\d+)\.(\d+)\.(\d+)\.(\d+)/g //	匹配 IP 地址
\n[\s|]*\r	匹配空行
/<(.*)>.*<\/\1>|<(.*) \/>/	匹配 HTML 标记
http://([\w-]+.)+[\w-]+(/[\w- ./?%&=]*)?	匹配网址 URL
/^[\x{4e00}-\x{9fa5}A-Za-z0-9_]+$/u	匹配中文字符
^[1-9]\d{5}$	邮政编码
^(select|drop|delete|create|update|insert).*$	SQL 语句
^[0-9]*[1-9][0-9]*$	正整数
^((-\d+)|(0+))$	非正整数
^-[0-9]*[1-9][0-9]*$	负整数
^-?\d+$	整数
^\d{15}|\d{18}$	身份证（15 或 18）
^\d{4}-\d{1,2}-\d{1,2}	日期格式

如果需要更多的正则表达式，请参看正则表达式手册。

6.2 模式匹配函数

PHP 中提供了两套支持正则表达式的函数库，但是由于 PCRE 函数库在执行效率上要略优于 POSIX 函数库，所有这里只讲解 PCRE 函数库中的函数，见表 6-4。

表 6-4 PCRE 函数库中的函数

函数	描 述
preg_filter( )	执行一个正则表达式的搜索和替换操作
preg_grep ( )	返回匹配模式的数组条目
preg_last_error ( )	返回最后一个 PCRE 正则表达式执行产生的错误代码

续表

函数	描 述
preg_match_all ( )	执行一个全局正则表达式匹配
preg_match ( )	执行匹配正则表达式
preg_quote ( )	转义正则表达式字符
preg_replace_callback ( )	执行一个正则表达式搜索操作并且使用一个回调进行替换
preg_replace ( )	执行一个正则表达式的搜索和替换操作
preg_split ( )	通过一个正则表达式分隔字符串

6.2.1 匹配字符串

在 PCRE 函数库中，通过 preg_match ( )函数、preg_match_all ( )函数和 preg_grep ( )函数完成复杂的字符串匹配与查找操作。

1. preg_match ( )函数

preg_match ( )函数根据正则表达式的模式对指定的字符串进行搜索和匹配。其语法如下：

int preg_match (*string $pattern* , *string $subject [, array &$matches [, int $flags = 0 [, int $offset = 0]]]*)

具体参数见表 6-5。

表 6-5 参数介绍

参数	描 述
pattern	要搜索的模式，字符串类型
subject	输入字符串
matches	如果提供了参数 matches，它将被填充为搜索结果。$matches[0]将包含完整模式匹配到的文本，$matches[1] 将包含第一个捕获子组匹配到的文本，依此类推
flags	flags 可以被设置为以下标记值： PREG_OFFSET_CAPTURE 如果传递了这个标记，对于每一个出现的匹配，返回时会附加字符串偏移量（相对于目标字符串的）
offset	通常，搜索从目标字符串的开始位置开始。可选参数 offset 用于指定从目标字符串的某个位置开始搜索（单位是字节）

2. preg_match_all ( )函数

preg_match_all ( )函数与 preg_match ( )函数类似，都是根据正则表达式的模式对指定的字符串进行搜索和匹配。区别是 preg_match ( )函数在第一次匹配成功后就停止查找，而 preg_match_all ( )函数会一直匹配到最后才会停止，获取到所有相匹配的结果。其语法如下：

int preg_match_all (*string $pattern , string $subject [, array &$matches [, int $flags =*
PREG_PATTERN_ORDER [, int $offset = 0]]])

具体参数见表 6-6。

表 6-6　参数介绍

参数	描　　述
pattern	要搜索的模式，字符串类型
subject	输入字符串
matches	多维数组，作为输出参数输出所有匹配结果，数组排序通过 flags 指定
flags	可以结合下面标记使用： ① PREG_PATTERN_ORDER 结果排序为：$matches[0]，保存完整模式的所有匹配；$matches[1]，保存第一个子组的所有匹配，依此类推。 ② PREG_SET_ORDER 结果排序为：$matches[0]，包含第一次匹配得到的所有匹配（包含子组）；$matches[1]，包含第二次匹配到的所有匹配（包含子组）的数组，依此类推。 ③ PREG_OFFSET_CAPTURE 如果这个标记被传递，对于每个发现的匹配，返回时，会增加它相对目标字符串的偏移量。 注意，不能同时使用 PREG_PATTERN_ORDER 和 PREG_SET_ORDER
offset	通常，查找时从目标字符串的开始位置开始。可选参数 offset 用于从目标字符串中指定位置开始搜索（单位是字节）

3. preg_grep ( )函数

preg_grep ( )函数返回匹配模式的数组条目。其语法格式如下：

array preg_grep (*string $pattern , array $input [, int $flags = 0])*

返回给定数组 input 中与模式 pattern 匹配的元素组成的数组。具体参数见表 6-7。

表 6-7　参数介绍

参数	描　　述
pattern	要搜索的模式，字符串形式
input	输入数组
flags	如果设置为 PREG_GREP_INVERT，这个函数返回输入数组中与给定模式 pattern 不匹配的元素组成的数组

6.2.2　替换字符串

在 PCRE 函数库中，通过 preg_replace ( )函数和 preg_replace_callback ( )函数完成复杂的字符串替换操作。同样，对于简单的字符串替换操作，可以使用字符串函数库中的 str_replace 函数来完成。

1. preg_replace ( )函数

preg_replace ( )函数根据正则表达式的模式完成字符串的搜索和替换操作。其语法如下：

mixed preg_replace (*mixed $pattern* , *mixed $replacement* , *mixed $subject [, int $limit = -1 [, int &$count]]*)

搜索 subject 中匹配 pattern 的部分，以 replacement 进行替换。具体参数见表 6-8。

表 6-8 参数介绍

参数	描　　述
pattern	要搜索的模式。可以是一个字符串或字符串数组
replacement	用于替换的字符串或字符串数组
subject	要进行搜索和替换的字符串或字符串数组
limit	每个模式在每个 subject 上进行替换的最大次数。默认是–1（无限）
count	如果指定，将会被填充为完成的替换次数

2. preg_replace_callback ( )函数

preg_replace_callback ( )函数执行一个正则表达式搜索并且使用一个回调进行替换。这个函数的行为除了可以指定一个 callback 替代 replacement 进行替换字符串的计算，其他方面等同于 preg_replace( )。其语法规则如下：

mixed preg_replace_callback (*mixed $pattern* , *callable $callback* , *mixed $subject [, int $limit = -1 [, int &$count]]*)

具体参数见表 6-9。

表 6-9 参数介绍

参数	描　　述
pattern	要搜索的模式。可以是一个字符串或字符串数组
callback	一个回调函数，在每次需要替换时调用，调用时函数得到的参数是从 subject 中匹配到的结果。回调函数返回真正参与替换的字符串
subject	要进行搜索和替换的字符串或字符串数组
limit	每个模式在每个 subject 上进行替换的最大次数。默认是–1（无限）
count	如果指定，这个变量将被填充为替换执行的次数

6.2.3 用正则表达式分隔字符串

在 PCRE 函数库中，通过 preg_split ( )函数完成复杂的字符串分割操作。但相对简单的字符串分割操作，则可以使用字符串函数库中的 explode 函数来完成。

preg_split ( )函数根据正则表达式定义的模式完成对指定字符串的分割操作。其语法规则如下：

array preg_split (*string $pattern* , *string $subject [, int $limit = -1 [, int $flags = 0]]*)

返回一个使用 pattern 边界分隔 subject 后得到的子串组成的数组，或者在失败时返回 FALSE。具体参数见表 6-10。

表 6-10 参数介绍

参数	描　　述
pattern	用于搜索的模式，字符串形式
subject	输入字符串
limit	如果指定，将限制分隔得到的子串最多只有 limit 个，返回的最后一个子串将包含所有剩余部分。limit 值为–1、0 或 null 时，都代表"不限制"。作为 PHP 的标准，可以使用 null 跳过对 flags 的设置
flags	flags 可以是任何下面标记的组合（以位或运算｜组合）： ① PREG_SPLIT_NO_EMPTY 如果这个标记被设置，preg_split( ) 将返回分隔后的非空部分。 ② PREG_SPLIT_DELIM_CAPTURE 如果这个标记被设置，用于分隔的模式中的括号表达式将被捕获并返回。 ③ PREG_SPLIT_OFFSET_CAPTURE 如果这个标记被设置，对于每一个出现的匹配，返回时将会附加字符串偏移量。 注意：这将会改变返回数组中的每一个元素，使每个元素成为一个由第 0 个元素为分隔后的子串，第 1 个元素为该子串在 subject 中的偏移量组成的数组

6.3　综合案例

互联网发展到今天，有很多网站或者 Web 应用都提供了相应的会员注册功能，而使用正则表达式判断表单提交的身份注册信息是否符合输入条件也就成为其中一项重要的内容。

综合案例

【例 6-2】设计如图 6-2 所示的表单界面效果。

关于表单设计的相关内容，请参看第 9 章的知识点进行操作，也可以通过其他资料进行自我学习，表单的整体代码如下：

图 6-2 会员注册表单的界面效果

```
<form id="form1" name="form1" method="post" action="6-2.php">
    <table width="500" border="0" align="center" cellpadding="0" cellspacing="0">
      <tr>
        <td height="25" colspan="2"><strong>会员注册界面</strong></td>
```

```
      </tr>
      <tr>
        <td width="80" height="25">用 户 名</td>
        <td><label for="username"></label>
        <input type="text" name="username" id="username" /></td>
      </tr>
      <tr>
        <td height="25">设置密码</td>
        <td><label for="password"></label>
        <input type="password" name="password" id="password" /></td>
      </tr>
      <tr>
        <td height="25">手 机 号</td>
        <td><label for="phone"></label>
        <input type="text" name="phone" id="phone" /></td>
      </tr>
      <tr>
        <td height="25">邮 箱</td>
        <td><label for="email"></label>
        <input type="text" name="email" id="email" /></td>
      </tr>
      <tr>
        <td height="25"> </td>
        <td><input type="submit" name="tjBtn" id="tjBtn" value=" 提 交 " /> <input
type="reset" name="czBtn" id="czBtn" value="重置" /></td>
      </tr>
    </table>
  </form>
```

通过正则表达式判断表单提交信息的页面 6-2.php 中的代码书写如下：

```
<!DOCTYPE html PUBLIC "-//W3C//DTD XHTML 1.0 Transitional//EN"
"http://www.w3.org/TR/xhtml1/DTD/xhtml1-transitional.dtd">
<html xmlns="http://www.w3.org/1999/xhtml">
<head>
<meta http-equiv="Content-Type" content="text/html; charset=utf-8" />
<title>使用 PHP 正则表达式验证表单提交信息_验证页面</title>
</head>

<body>
<?php
```

```php
if(isset($_POST["tjBtn"])){//判断是否提交按钮被单击后提交的表单信息
    $username = $_POST["username"];//接收表单的 username 输入信息
    $password = $_POST["password"];//接收表单的 password 输入信息
    $phone = $_POST["phone"];//接收表单的 phone 输入信息
    $email = $_POST["email"];//接收表单的 email 输入信息
    /*****
    **下面通过正则表达式判断表单输入的信息是否符合格式要求。
    **用户名是否在 6～12 个字符，由字母、数字、下划线、减号组成
    **密码输入的强度，最少 6 位，包括至少 1 个大写字母、1 个小写字母、1 个数字、
1 个特殊字符
    **手机号输入是否符合手机格式
    **邮箱输入是否符合格式。
    *****/
    //验证 username 的正则表达式
    $username_pattern = "/^[a-zA-Z0-9_-]{6,12}$/";
    //验证 password 的正则表达式
    $password_pattern =
"/^.*(?=.{6,})(?=.*\d)(?=.*[A-Z])(?=.*[a-z])(?=.*[!@#$%^&*? ]).*$/";
    //验证 phone 的正则表达式
    $phone_pattern = "/^((13[0-9])|(14[5|7])|(15([0-3]|[5-9]))|(18[0,5-9]))\d{8}$/";
    //验证 email 的正则表达式
    $email_pattern =
"/^[_a-z0-9-]+(\.[_a-z0-9-]+)*@[a-z0-9-]+(\.[a-z0-9-]+)*(\.[a-z]{2,})$/";
    if(preg_match($username_pattern,$username)){//验证
        echo "用户名输入正确<br>";
    }else{
        echo "用户名输入错误<br>";
    }
    if(preg_match($password_pattern,$password)){//验证
        echo "密码输入正确<br>";
    }else{
        echo "密码输入错误<br>";
    }
    if(preg_match($phone_pattern,$phone)){//验证
        echo "手机号输入正确<br>";
    }else{
        echo "手机号输入错误<br>";
    }
    if(preg_match($email_pattern,$email)){//验证
```

```
        echo "邮箱输入正确<br>";
    }else{
        echo "邮箱输入错误<br>";
    }
}
?>
</body>
</html>
```

读者可以根据 6-2.php 中的注释说明格式输入内容,以验证执行效果。

习　　题

1. 执行一个正则表达式匹配的函数是什么?返回的结果有哪些?
2. 执行一个正则表达式的搜索和替换的函数是什么?
3. 通过一个正则表达式分隔字符串的函数是什么?
4. 写出一个邮箱匹配规则。
5. 写出一个密码匹配规则,要求以字母开头,6~18 位。

第7章
面向对象编程

知识要点：

- 面向对象的定义和概念
- 类的定义
- 对象的生成
- 面向对象编程的基本技术

本章导读：

和一些面向对象的语言有所不同，PHP 并不是一种纯面向对象的语言。但 PHP 也支持面向对象的程序设计，并可以用于开发大型的商业程序。因此，学好面向对象编程对 PHP 程序员来说也是至关重要的。本章将针对面向对象编程在 PHP 语言中的使用进行详细讲解。

7.1　面向对象的概念

面向对象的编程技术（object-oriented programming，OOP）是一种与面向过程编程不同的技术，目前已得到十分广泛的应用。特别是对于各种大型应用软件的开发来说，面向对象编程更是一种首选的解决方案。

面向对象概念

7.1.1　面向对象编程的基本概念

在面向对象编程中，应用程序的结构模块被组织为相应的对象（object）。一个面向对象的应用程序实际上就是由一系列的相关对象所构成的。作为应用程序的基本组件，对象是封装了相应属性（property）与方法（method）的实体（entity）。其中，属性描述了对象的静态特征，即对象的数据或状态；而方法则描述了对象的动态行为，即对象所能执行的功能或操作。通常，可将对象的属性理解为变量，而将对象的方法理解为函数。应用程序中各对象之间的联系是通过传递消息来实现的。如果想让对象执行某个操作，那么就必须向其发送一个消息；待对象接收到信息后，便可调用相应的方法去执行指定的操作。

类（class）是面向对象编程中的一个十分重要的概念与要素。所谓类，其实就是具有相同特征与操作的一组对象的描述与定义，相当于对象的类型或分类。在一个类中，同样也封装了相应的属性与方法。通常，可将类看作是构造对象的模板或蓝本，而一个具体的对象则是相应类的一个实例。基于同一个类所生成的每一个对象，都包含有类所提供的方法，但其属性的取值却有可能不同。类和对象的关系，类似于大家所熟悉的数据类型与变量的关系，也是一种抽象与具体的关系。类的属性与方法通常又称为类的成员。

例如，在开发一个学生成绩管理系统时，可先创建一个学生类 student。该类具有一些属性，如学号、姓名、性别等。该类也具有一些方法，如选课、退课等。有了学生类 student，便可以创建相应的学生对象，如 studentA、studentB 等。接着，便可以控制各学生对象去完成相应的操作，如选课、退课等。在此，学生类实际上是一个整体概念，可理解为所有学生个体的统称。而每个学生对象或学生个体，则是学生类的一个具体实例。各学生对象都具有相同的属性集，但其具体取值却可能有所不同。另外，各学生对象都具有相同的方法集，通过对有关方法的调用，即可让各学生对象完成相应的操作。

7.1.2 面向对象编程的主要特征

与面向过程编程相比，面向对象编程有其明确的特征。其中，最主要的特征就是封装性（encapsulation）、继承性（inheritance）与多态性（polymorphism）。

封装性是指将数据（即属性）与操作（即方法）置于对象之中，其主要目的是实现对象的数据隐藏与数据保护，并为对象提供相应的接口。这样，在访问对象中的数据时，只能通过对象所提供的操作来实现。通过封装，可以有效地隐藏对象内部的具体细节，并实现对象的相对独立性，从而便于应用程序的维护与扩展。其实，封装性同样适用于类，在不同的类中即封装了该类的属性与方法。封装性是面向对象编程的主要特征之一，在某种意义上可将其看作结构化编程技术的逻辑延伸。

继承性是指从一个已存在的类派生出另外一个或多个新类。其中，被继承的类称为父类，而通过继承所产生的类则称为子类。由于子类是从其父类继承而来的，因此子类将拥有其父类的全部属性与方法。此外，必要时还可以在子类中对所继承的属性与方法进行修改（但不能删除），或者添加新的属性和方法。更重要的是，在父类中所进行的修改会自动更新到相应的子类中。继承性是面向对象编程的重要特征，也是使应用程序具有良好的可重用性与可扩展性的根本所在。为便于理解，可将继承看作是复制类的一种特殊方式。通过继承，可以充分利用已有的程序代码，缩短应用程序的开发周期，并提高应用程序的开发质量。实际上，继承可分为两种类型，即单重继承与多重继承。其中，单重继承是指一个子类只能有一个父类，多重继承是指一个子类可以有多于一个父类。

多态性是指同名方法（或函数）的功能可随对象类型或参数定义的不同而有所不同。实现多态性的主要方法是重载，即对类中已有的方法进行重新定义。对于某一类对象来说，在调用多态方法进行传递的参数或参数个数不同，该方法所实现的功能或过程也会有所不同。多态性也是面向对象编程的一个重要特征，一方面可以使各类对象的处理趋向一致；另一方面，也有利于提高应用程序的灵活性。

7.2 类和对象

面向对象的编程思想力图使程序对事物的描述与该事物在现实中的形态保持一致。为了做到这一点，在面向对象的思想中提出了两个概念，即类和对象。其中，类是对某一类事物的抽象描述，而对象用于表示现实中该类事物的个体。

7.2.1　类 的 定 义

在面向对象的思想中，最核心的就是对象。为了在程序中创建对象，需要定义一个类。类是对象的抽象，它用于描述一组对象的共同特征和行为。类中可以定义属性和方法，其属性用于描述对象的特征，方法用于描述对象的行为。类的定义语法格式如下：

```
class 类名{
    成员属性;
成员方法
    }
```

上述语法格式中，class 表示定义类的关键字，通过该关键字就可以定义一个类。在类中声明的变量被称为成员属性，主要用于描述对象的特征，如人的姓名、年龄等。在类中声明的函数被称为成员方法，主要用于描述对象的行为，如人可以说话、走路等。

接下来通过一个案例来演示如何定义一个类，见例 7-1。

【例 7-1】

```php
<?php
    //定义一个 Person 类
    class Person {
        public $name;
        public $age;
        public   function   speak( ){
            echo "大家好！我叫".$this→name."，今年".$this→age."岁。<br>";
        }
    }
?>
```

例 7-1 中定义了一个类。其中，Person 是类名，name 和 age 是成员属性，speak( )是成员方法。在成员方法 speak( )中可以使用$this 访问成员属性 name 和 age。需要注意的是，$this 表示当前对象，这里是指 Person 类实例化后的具体对象。

7.2.2　对 象 的 创 建

应用程序想要完成具体的功能，仅有类是远远不够的，还需要根据类创建实例对象。在 PHP 程序中可以使用 new 关键字来创建对象，具体格式如下：

```
$对象名=new 类名([参数 1,参数 2,…]);
```

上述语法格式中，"$对象名"表示一个对象的引用名称，通过这个引用就可以访问对象中的成员，其中$符号是固定写法，对象名是自定义的。"new"表示要创建一个新的对象，"类名"表示新对象的类型。"[参数 1，参数 2]"中的参数是可选的。对象创建成功后，就可以通过"对象→成员"的方式来访问类的成员。需要注意的是，如果在创建对象时不需要传递参数，则可以省略类名后面的括号，即"new 类名;"。

接下来通过一个案例来演示如何创建 Person 类的实例对象，见例 7-2。

【例 7-2】

```php
<?php
    //定义一个 Person 类
    class Person {
        public $name;
        public $age;
        public function   speak( ){
            echo "大家好！我叫".$this→name."，今年".$this→age."岁。<br>";
        }
    }
    $p1=new Person( );
    $p1→name = "赵磊";
    $p1→age = 14;
    $p1→speak( );
?>
```

运行结果如图 7-1 所示。

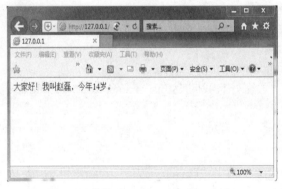

图 7-1   程序运行结果

7.2.3 类成员和作用域

通过前面的学习了解到，类在实例化对象时，该对象中的成员只被当前对象所有。如果希望在类中定义的成员被所有实例共享，可以使用为类常量或静态成员来实现。接下来将针对类常量和静态成员的相关知识进行详细讲解。

1. 类常量

在类中，有些属性的值不能改变，并且希望被所有对象所共享，例如圆周率，它是一个数学常数，在数学物理计算中广泛使用，此时可以将表示圆周率的成员属性定义为常量。在定义类常量时，需要使用 const 关键字来申明，示例代码如下：

```
const PI=3.1415926;          //定义一个常量属性 PI
```

上述示例代码中，使用 const 关键字来声明常量，常量名前不需要添加$符号，并且在声明的同时必须对其进行初始化工作。为了方便读者更好地理解类常量，接下来通过一个案例来学习类常量的使用和声明，见例 7-3。

【例 7-3】

```php
<?php
    class MathTool{
        const PI = 3.1415926; //定义一个类常量
        public function show( ){
            echo MathTool::PI."<br>";    //通过类名访问
        }
        public function display( ){
            echo self::PI."<br>";             //通过 self 关键字访问
        }
    }
    echo MathTool::PI."<br>";    //在类外部直接访问
    $obj = new MathTool( );          //实例化一个对象
    $obj→show( );
    $obj→display( );
?>
```

运行结果如图 7-2 所示。

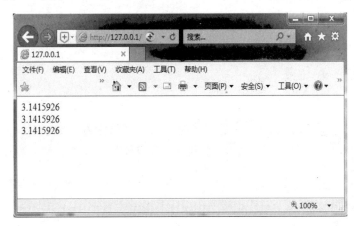

图 7-2　程序运行结果

在例 7-3 中，定义了一个类常量 PI，由于在类中声明的常量 PI 是属于类本身而非对象的，所以需要使用范围解析操作符"::"来连接类名和类常量访问。如果在类的内部访问类的常量，还可以使用关键字 self 来代替类名，最后将常量的值输出。

需要注意的是，在类中定义的常量只能是基本数据类型的值，并且必须是一个定值，不能是变量、类的属性、数学运算的结果或函数调用。类常量一旦设置后就不能改变，如果试图在程序中改变它的值，则会出现错误。并且在声明类常量时一定要赋初始值，因为后期没有其他方式为其赋值。

2. 静态属性

有时希望某些特定的数据在内存中只有一份，并且可以被类的所有实例对象所共享。例如，某个学校所有学生共享一个学校名称，此时完全不必在每个学生对象所占用的内容空间都定义一个字段来存储这个学校名称，可使用静态属性来表示学校名称让所有对象来共享。

定义静态属性的语法格式如下：

访问修饰符　static　变量名

在上述语法格式中，static 关键字写在访问修饰符的后面，访问修饰符可以省略，默认为 public。为了更好地理解静态属性，接下来通过一个案例来演示，见例 7-4。

【例 7-4】

```php
<?php
    class Student{
        //定义 show( )方法,输出学生的学校名称
        public static $SchoolName="bhcy";
        public   function show ( ){
            echo "我的学校是：".self::$SchoolName."<br>";
        }
    }
    $stu1=new Student( );
    $stu2=new Student( );
    echo "学生 1: <br>";
    $stu1→show( );
    echo "学生 2: <br>";
    $stu2→show( );
?>
```

运行结果如图 7-3 所示。

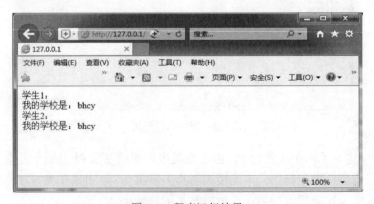

图 7-3　程序运行结果

在例 7-4 中，学生 1 和学生 2 的学校都是"bhcy"，这是由于在 student 类中定义了一个静态字段 schoolName，该字段会被所有 Student 类的实例共享，因此，在调用学生 1 和学生 2 的 show( )方法时，均输出"我的学校是：bhcy"。

需要注意的是，静态属性属于类而非对象，所以不能使用"对象→属性"的方式来访问，而应该通过"类名::属性"的方式来访问。如果是在类的内部，还可以使用 self 关键字代替类

名。

3. 静态方法

有时希望在不创建对象的情况下就可以调用某个方法，也就是使该方法不必和对象绑在一起。要实现这样的效果，可以使用静态方法。静态方法在定义时只需在方法名前加上 static 关键字，其语法格式如下：

访问修饰符　static　方法名( )

静态方法的使用规则和静态属性相同，即通过类名称和范围解析操作符（::）来访问静态方法。接下来通过一个案例来学习静态方法的使用，见例 7-5。

【例 7-5】

```php
<?php
    class Student{
        //定义 show( )方法,输出学生的学校名称
        public static $schoolName="bhcy";
        public static function show ( ){
            echo "我的学校是：".self::$schoolName;
        }
    }
    Student::show( );
?>
```

运行结果如图 7-4 所示。

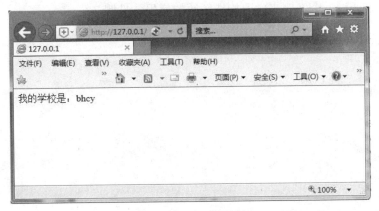

图 7-4　程序运行结果

在例 7-5 中，代码第 4 行中定义了一个静态属性 schoolName，在第 5~7 行代码中，定义了一个静态方法来输出学生所在学校的名称。在第 9 行代码中通过"类名::方法名"的形式调用了 Student 类的静态方法，在静态方法中访问了静态属性$SchoolName，通常情况下静态方法是用来操作静态属性的。

注意：在 PHP 中，提供了三个访问修饰符 public、protected 和 private，它们可以对类中成员的访问做出一些限制，具体如下。

public：公有修饰符，类中的成员将没有访问限制，所有的外部成员都可以访问这个类的

成员。如果类的成员没有指定访问修饰符，则默认为 public。

protected：保护成员修饰符，被修饰为 protected 的成员不能被该类的外部代码访问，但是对于该类的子类，可以对其访问、读写等。

private：私有修饰符，被定义为 private 的成员，对于同一个类里的所有成员是可见的，即没有访问限制，但不允许该类外部的代码访问，对于该类的子类同样也不能访问。

需要注意的是，在 PHP4 中所有的属性都用关键字 var 声明，它的使用效果和使用 public 一样，因为考虑到向下兼容，PHP5 中保留了对 var 的支持，但会将 var 自动转换为 public。

7.2.4　构造函数

构造函数是类中的一个特殊函数（或特殊方法），可在创建对象时自动地加以调用。通常，可在构造函数中完成一些必要的初始化任务，如设置有关属性的初值、创建所需要的其他对象等。

构造函数

在 PHP4 及以前的版本中，构造函数的名称必须与类名相同。而在 PHP5 中，构建函数的名称则是固定的，即必须为__construct（函数，其中的"__"为两个下划线），而不再与类名相同。这样，当类名改变时，无须再修改构造函数的名称。与其他的函数一样，构造函数既可以带参数，也可以不带参数。

当然，为保证向下的兼容性，PHP5 仍然允许在类中定义相应的与类名同名的方法。在这种情况下，如果没有__construct 函数，那么与类名同名的方法便是所在类的构造函数；反之，如果存在__construct 函数，那么与类名同名的方法就不是所在类的构造函数了。在 PHP5 中创建对象时，将首先搜索有没有__construct 函数，未找到时再继续搜索有没有与类名同名的方法。接下来通过一个案例来学习构造函数的使用，见例 7-6。

【例 7-6】

```php
<?php
//学生类
class student
{
    //属性
    var $xh;
    var $xm;
    var $xb;
    //构造函数（在此功能为设置学生的信息）
    function__construct($xh,$xm,$xb)
    {
        $this→xh=$xh;
        $this→xm=$xm;
        $this→xb=$xb;
    }
    //输出学生信息
    function getinfo( )
```

```
    {
        echo "学号: $this→xh"."<BR>";
        echo "姓名: $this→xm"."<BR>";
        echo "性别: $this→xb"."<BR>";
    }
}
//创建学生对象
$MyStudent=new student("20170501","赵磊","男");
$MyStudent→getinfo( );       //调用方法（输出学生信息）
$MyStudent→xm="赵磊";        //访问属性（修改学生姓名）
echo "姓名: ".$MyStudent→xm;  //访问属性（输出学生姓名）
$MyStudent=NULL;             //销毁学生对象
?>
```

在该案例中，学生类 student 的构造函数__construct( )的功能为设置学生的学号、姓名和性别（在此也可以将构造函数命名为 student）。由于学生类 student 定义有构造函数，因此，在创建学生对象时，可自动调用并完成相应的设置学生信息的功能。该案例的运行结果如图 7-5 所示。

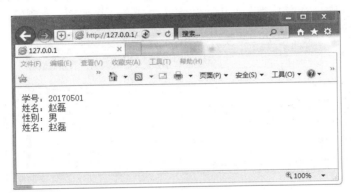

图 7-5　程序运行结果

7.2.5　析构函数

与构造函数一样，析构函数也是类中的一个特殊函数（或特殊方法）。但与构造函数相反，析构函数是在销毁对象时被自动调用的。通常，可在析构函数中执行一些在销毁对象前所必须完成的操作。

析构函数

在 PHP4 及以前的版本中，是没有析构函数的。而在 PHP5 中，则可以使用析构函数，且其名称是固定的，即必须为__destruct（其中的"__"为两个下划线）。与构造函数不同，析构函数是不能带有任何参数的。接下来通过一个案例来学习析构函数的使用，见例 7-7。

【例 7-7】

```
<?php
```

```
class student   //学生类
{
   var $xm;   //属性
   function __construct($xm)   //构造函数
   {
      $this→xm=$xm;
      echo "学生<".$this→xm.">来啦！<BR>";
   }
   function __destruct( )   //析构函数
   {
      echo "学生<".$this→xm.">走了！<BR>";
   }
}
$MyStudent=new student("赵磊");   //创建学生对象
$MyStudent=NULL;   //销毁学生对象
?>
```

在该案例的学生类 student 中，既包含有构造函数，也包含有析构函数，因此，在创建与销毁学生对象时，将自动对其进行调用。该案例的运行结果如图 7-6 所示。

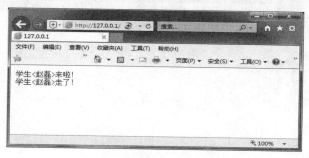

图 7-6　程序运行结果

7.2.6　继承

在现实生活中，继承一般指的是子女继承父辈的财产。在程序中，继承描述的是事物之间的所属关系，通过继承可以使多种事物之间形成一种关系体系。

在 PHP 中，类的继承是指在一个现有类的基础上去构建一个新的类。构建出来的新类被称作子类，现有类被称作父类，子类会自动拥有父类所有可继承的属性和方法。

在程序中，如果想声明一个类继承另一个类，需要使用 extends 关键字，具体语法格式如下：

```
class 子类名 extends 父类名{
       //类体
}
```

为了让初学者更好地学习继承，接下来通过一个案例来学习子类如何继承父类，见例 7-8。

【例 7-8】

```php
<?php
    //定义 Animal 类
    class Animal{
        public $name;
        public function shout( ){
            echo "动物发出叫声<br>";
        }
    }
    //定义 Cat 类继承自 Animal 类
    class Cat extends Animal{
        public function printName( ){
            echo "name=".$this→name;
        }
    }
    $cat=new Cat( );
    $cat→name="小猫";
    $cat→shout( );
    $cat→printName( );
?>
```

运行结果如图 7-7 所示。

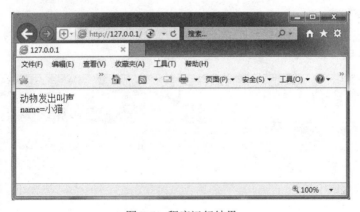

图 7-7　程序运行结果

在案例 7-8 中，Cat 类通过 extends 关键字继承了 Animal 类，这样 Cat 类便是 Animal 类的子类。从运行结果不难看出，子类虽然没有定义 name 属性和 shout( )方法，但是却能访问这两个成员。这就说明，子类在继承父类的时候，会自动拥有父类的成员。

在继承关系中，子类会自动继承父类中定义的方法，但有时在子类中需要对继承的方法进行一些修改，即对父类的方法进行重写。需要注意的是，在子类中重写的方法需要和父类被重写的方法具有相同的方法名、参数。

案例 7-8 中，Cat 类从 Animal 类继承了 shout( )方法，该方法在被调用时会打印"动物发出叫声"，这明显不能描述一种具体动物的叫声，Cat 类对象表示猫科，发出的叫声应该是"喵喵"。为了解决这个问题，可以在 Cat 类中重写父类 Animal 中的 shout( )方法，具体代码见案例 7-9。

【例 7-9】

```php
<?php
    //定义 Animal 类
    class Animal{
        //动物叫的方法
        public function shout( ){
            echo "动物发出叫声";
        }
    }
    //定义 Cat 类继承自 Animal 类
    class Cat extends Animal{
        //定义猫叫的方法
        public function shout( ){
            echo '喵喵......';
        }
    }
    $cat=new Cat( );
    $cat→shout( );
?>
```

运行结果如图 7-8 所示。

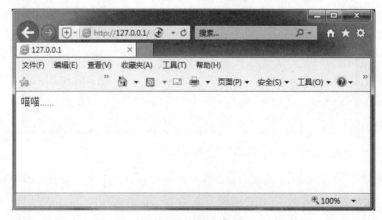

图 7-8 程序运行结果

案例 7-9 中，定义了 Cat 类并且继承自 Animal 类。在子类 Cat 中定义了一个 shout( )方法对父类的方法进行重写。从运行结果可以看出，在调用 Cat 类对象的 shout( )方法时，只会调用子类重写的该方法，并不会调用父类的 shout( )方法。

如果想要调用父类中被重写的方法，就需要使用 parent 关键字，parent 关键字用于访问父类的成员。由于 parent 关键字引用的是一个类而不是一个对象，因此，需要使用范围解析操作符(::)。接下来通过一个案例来演示如何使用 parent 关键字访问父类成员方法，见案例 7-10。

【例 7-10】

```php
<?php
    //定义 Animal 类
    class Animal{
        //动物叫的方法
        public function shout( ){
            echo "动物发出叫声";
        }
    }
    //定义 Cat 类继承自 Animal 类
    class Cat extends Animal{
        //定义猫叫的方法
        public function shout( ){
            parent::shout( );
            echo "<br>";
            echo '喵喵......';
        }
    }
    $cat=new Cat( );
    $cat->shout( );
?>
```

运行结果如图 7-9 所示。

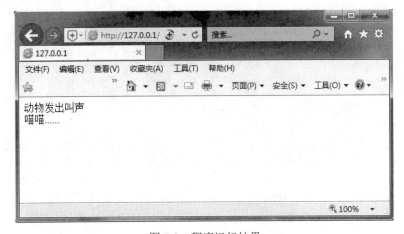

图 7-9　程序运行结果

案例 7-10 中，定义了一个 Cat 类继承 Animal 类，并重写了 Animal 类的 shout( )方法。在子类 Cat 的 shout( )方法中使用"parent::shout( );"调用了父类被重写的方法。从运行结果可以看出，子类通过 parent 关键字可以成功地访问父类的成员方法。

7.3 高级应用

为了在 PHP 中更好地使用面向对象的方式进行编程，还应掌握一些相关的高级技术，如类抽象类、接口等内容。

7.3.1 final 关键字

继承为程序编写带来了巨大的灵活性，但有时可能需要在继承的过程中保证某些类或方法不被改变，此时就需要使用 final 关键字。final 关键字有"无法改变"或者"最终"的含义，因此被 final 修饰的类和成员方法不能被修改。接下来将针对 final 关键字进行详细讲解。

final 关键字

1. final 关键字修饰类

PHP 中的类被 final 关键字修饰后，该类将不可以被继承，也就是不能够派生子类。

2. final 关键字修饰方法

当一个类的方法被 final 关键字修饰后，这个类的子类将不能重写该方法。接下来通过一个案例来学习一下，见案例 7-11。

【例 7-11】

```php
<?php
    class Animal{
        final public function shout( ){
            //方法体为空
        }
    }
    class Cat extends Animal{
        public function shout( ){
            //方法体为空
        }
    }
    $cat=new Animal( );
    $cat→shout( );
?>
```

例 7-11 中，Cat 类重写父类 Animal 中的 shout( )方法后，编译报错。这是因为 Animal 类的 shout( )方法被 final 所修饰。由此可见，被 final 关键字修饰的方法为最终方法，子类不能对该方法进行重写。正是由于 final 的这种特性，当在父类中定义某个方法时，如果不希望被子类重写，就可以使用 final 关键字修饰该方法。

7.3.2　抽象类与抽象方法

在 PHP5 中，除了一般的类与方法以外，还可以定义和使用相应的抽象类与抽象方法，其中，抽象方法是指使用关键字 abstract 定义的尚未实现（即没有任何代码）且无任何参数的，以分号";"结束的方法，而抽象类则是指使用关键字 abstract 定义的包含有一个或多个抽象方法的类。

抽象类和抽象方法

抽象类是不能被实例化的，但允许被继承。通过继承抽象类，可以生成相应的子类，并在其中全部或部分实现有关的抽象方法。抽象方法被实现后便成为一般的方法，而抽象类中所有的抽象方法均被实现后，便成为一般的可被实例化的类。通常，可将抽象类作为其子类的模板来看待，而其所包含的抽象方法则可作为相应的一般方法的占位符来看待。为了让初学者更好地学习继承，接下来通过一个案例来学习抽象类与抽象方法，见例 7-12。

【例 7-12】

```php
<?php
abstract class student    //抽象类 student
{
    var $xh;
    var $xm;
    var $xb;
    //构造函数（在此功能为设置学生信息）
    function __construct($xh,$xm,$xb)
    {
        $this→xh=$xh;
        $this→xm=$xm;
        $this→xb=$xb;
    }
    //抽象方法 getinfo( )
    abstract function getinfo( );
}
class student_A extends student
{
    function getinfo( )    //实现父类中的抽象方法
    {
        echo "学号："$this→xh"."<BR>";
        echo "姓名："$this→xm"."<BR>";
        echo "性别："$this→xb"."<BR>";
    }
}
class student_B extends student
```

```
{
    function getinfo( )    //实现父类中的抽象方法
    {
        echo "No.：$this→xh"."<BR>";
        echo "Name：$this→xm"."<BR>";
        echo "Sex：$this→xb"."<BR>";
    }
}
$MyStudent_A=new student_A("20170501","赵磊","男");
$MyStudent_A→getinfo( );
$MyStudent_A=NULL;
$MyStudent_B=new student_B("20170501","赵磊","男");
$MyStudent_B→getinfo( );
$MyStudent_B=NULL;
?>
```

案例的运行结果如图 7-10 所示。

图 7-10　程序运行结果

7.3.3　接口

如果一个抽象类中的所有方法都是抽象的，则可以将这个类用另外一种方式来定义，即接口。在定义接口时，需要使用 interface 关键字，具体示例代码如下：

```
interface setdata    //接口 setdata
{
    function setinfo($a,$b,$c);
}
```

定义接口与定义一个标准的类类似，但其中定义的所有的方法都是空的。需要注意的是，接口中的所有方法都是公有的，也不能使用 final 关键字来修饰。

由于接口中定义的都是抽象方法，没有具体实现，需要通过类来实现接口。实现接口使用 implements 关键字。接下来通过一个案例来学习，见例 7-13。

【例 7-13】

```php
<?php
interface setdata    //接口 setdata
{
    function setinfo($a,$b,$c);
}
interface getdata    //接口 getdata
{
    function getinfo( );
}
class student implements setdata,getdata    //学生类 student
{
    var $xh;
    var $xm;
    var $xb;
    function setinfo($xh,$xm,$xb)    //实现方法 setinfo
    {
        $this→xh=$xh;
        $this→xm=$xm;
        $this→xb=$xb;
    }
    function getinfo( )    //实现方法 getinfo
    {
        echo "学号: $this→xh"."<BR>";
        echo "姓名: $this→xm"."<BR>";
        echo "性别: $this→xb"."<BR>";
    }
}
$MyStudent=new student;
$MyStudent→setinfo("20170501","赵磊","男");
$MyStudent→getinfo( );
$MyStudent=NULL;
?>
```

运行结果如图 7-11 所示。

图 7-11　程序运行结果

7.4　综合案例

编写一个计算器类。类中有两个成员属性表示操作数，通过类的构造方法可以为成员属性赋值。当调用"加法"成员方法时，返回两个操作数相加的结果。同理，再实现"减法""乘法"和"除法"。

【例 7-14】

```php
<?php
 if($_SERVER['REQUEST_METHOD']=='POST'){
echo "<title>"."计算机器的设计"."</title>";
$num1=$_POST['num1'];
$num2=$_POST['num2'];
if(is_numeric($num1)){
    if(is_numeric($num2)){
        echo '数据正确，允许运算';
exit;
    }
}else{
        echo '数据类型有误，请重新输入';
exit;
}
}
?>
<head>
<title>计算机器的设计</title>
```

```
</head>
<form method="POST" action="">
        num1:<input type="text" name="num1" /><br />
        +<br />
        num2:<input type="text" name="num2" /><br />
        <input type="submit" value="计算" /><input type="reset" value="清除" />
    </form>
```

案例的运行结果如图 7-12 所示。

图 7-12　运行结果

当输入正确的数据时，运行结果如图 7-13 所示。

当输入错误的数据时，运行结果如图 7-14 所示。

图 7-13　运行结果

图 7-14　运行结果

小　　结

本章主要介绍了 PHP 面向对象程序设计的各种特性，包括面向对象编程思想、类的声明、类的组成（成员属性和成员方法）、对象的使用、静态成员、继承、抽象类和接口等内容。通过本章的学习，读者能够了解面向对象编程思想，重点掌握类的声明、实例化并使用对象和继承，能够初步使用面向对象的方式来开发 Web 应用程序。

习　　题

一、填空题

1. 继承的关键字为_____，实现接口的关键字为 implements。

2. PHP 中有很多以两个下划线开头的方法，称之为_____。

3. 在魔术方法中，__construct( )是构造方法，__destruct( )是_____方法。

4. 如果不想让一个类被实例化，只能被继承，那么可以将该类声明为_____类。

5. 声明抽象类的关键字是_____。

二、判断题

1. 在 PHP5 中，析构方法的名称是__destruct( )，并且不能有任何参数。（　　　）

2. PHP 中类常量是使用 define 来定义的。（　　　）

3. 当希望某些数据在内存中只有一份，并且可以被类的所有实例对象所共享，那么就将该属性声明成静态属性。（　　　）

4. 当希望在不创建对象的情况下调用某个类的方法时，可以将这个方法声明成静态方法。（　　　）

5. 在 PHP 中，使用$this 可以访问静态成员。（　　　）

三、选择题

1. 在下列选项中，不属于面向对象三大特征的是（　　　）。

A. 封装性　　　　　　B. 多态性　　　　　　C. 抽象性　　　　　　D. 继承性

2. 以下关于面向对象的说法错误的是（　　　）。

A. 是一种符合人类思维习惯的编程思想

B. 把解决的问题按照一定规则划分为多个独立对象，通过调用对象的方法来解决问题

C. 面向对象的三大特征为封装、继承和多态

D. 在代码维护上没有面向过程方便

3. 以下关于面向对象三大特征错误的是（　　　）。

A. 封装就是将对象的属性和行为封装起来，不让外界知道具体实现细节

B. 继承性主要描述的是类与类之间的关系，通过继承可以在无须重新编写原有类的情况下对原有类的功能进行扩展

C. 多态是指同一操作作用于不同的对象，会产生不同的执行结果

D. 多态性是面向对象的核心思想

4. 以下关于面向对象说法错误的是（　　　）。

A. 面向对象编程具有开发时间短、效率高、可靠性强等特点

B. 面向对象编程的代码更易于维护、更新和升级

C. 抽象性是面向对象的三大特征之一

D. 封装是把客观事物封装成抽象的类，并且类可以把自己的数据和方法只让可信的类或者对象操作

5. 以下关于面向对象的说法错误的是（　　　）。

A. 面向对象就是把要处理的问题抽象为对象，通过对象的属性和行为来解决对象的实际问题

B. 抽象就是忽略事物中与当前目标无关的非本质特征，更充分地注意与当前目标有关的本质特征，从而找出事物的共性

C. 封装的信息隐蔽作用反映了事物的相对独立性，可以只关心它对外所提供的接口

D. 面向对象编程要将所有属性都封装起来，不允许外部直接存取

四、简答题

构造方法和析构方法是在什么情况下调用的？作用是什么？

第 8 章

MySQL 数据库

 知识要点：

- 数据库概述
- MySQL 数据库设计
- phpMyAdmin 图形管理工具
- PHP 操作 MySQL

 本章导读：

前面已经学习了 PHP 的使用，但在实际的网站制作过程中，经常需要处理大量的数据，如用户的账号、密码、留言等信息，这就需要使用数据库来存储这些数据。PHP 支持多种数据库，从 SQL Server、ODBC 到大型的 Oracle 等，但和 PHP 配合最为密切的还是新型的网络数据库 MySQL。本章将介绍 MySQL 数据库的基础知识、MySQL 数据库的基本操作、phpMyAdmin 图形管理工具的使用及 PHP 操作 MySQL 数据库的相关知识。

8.1 数据库概述

8.1.1 数据库与数据库管理系统

1. 数据库

数据库（DB）是存放数据的仓库，只不过这些数据存在一定的关联，并按一定的格式存放在计算机上。从广义上讲，数据不仅包含数字，还包括了文本、图像、音频、视频等。

例如，把学校的学生、课程、学生成绩等数据有序地组织并存放在计算机内，就可以构成一个数据库。因此，数据库由一些持久的相互关联数据的集合组成，并以一定的组织形式存放在计算机的存储介质中。

2. 数据库管理系统

数据库管理系统（DBMS）是管理数据库的系统，它按一定的数据模型组织数据。数据库管理系统对数据库进行统一的管理和控制，以保证数据库的安全性和完整性。用户通过 DBMS 访问数据库中的数据，数据库管理员也通过 DBMS 进行数据库的维护工作。它可使多个应用程序和用户用不同的方法在同时或不同时刻去建立、修改和询问数据库。

DBMS 提供数据定义语言（Data Definition Language，DDL）与数据操作语言（Data Manipulation Language，DML），供用户定义数据库的模式结构与权限约束，实现对数据的追加、删除等操作。

DBMS 应提供如下功能：

① 数据定义功能，可定义数据库中的数据对象。

② 数据操纵功能，可对数据库表进行基本操作，如插入、删除、修改、查询。

③ 数据的完整性检查功能，保证用户输入的数据应满足相应的约束条件。

④ 数据库的安全保护功能，保证只有赋予权限的用户才能访问数据库中的数据。

⑤ 数据库的并发控制功能，使多个应用程序可在同一时刻并发地访问数据库的数据。

⑥ 数据库系统的故障恢复功能，使数据库运行出现故障时进行数据库恢复，以保证数据库可靠运行。

⑦ 在网络环境下访问数据库的功能。

⑧ 方便、有效地存取数据库信息的接口和工具。编程人员通过程序开发工具与数据库的接口编写数据库应用程序。数据库管理员（DataBase Administrator，DBA）通过提供的工具对数据库进行管理。

数据、数据库、数据库管理系统与操作数据库的应用程序，加上支撑它们的硬件平台、软件平台和与数据库有关的人员一起构成了一个完整的数据库系统。图 8-1 描述了数据库系统的构成。

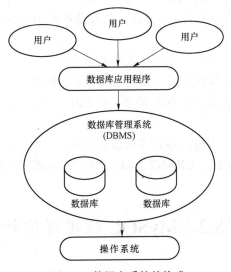

图 8-1　数据库系统的构成

8.1.2　数 据 模 型

数据库管理系统根据数据模型对数据进行存储和管理。数据库管理系统采用的数据模型主要有层次模型、网状模型和关系模型。

关系模型是以二维表格（关系表）的形式组织数据库中的数据，这和日常生活中经常用到的各种表格形式上是一致的，一个数据库中可以有若干张表。

表格中的一行称为一个记录，一列称为一个字段，每列的标题称为字段名。如果给每个关系表取一个名字，则有 n 个字段的关系表的结构可表示为：关系表名（字段名 1，…，字段名 n），通常把关系表的结构称为关系模式。

在关系表中，如果一个字段或几个字段组合的值可唯一标志其对应记录，则称该字段或字段组合为码。

数据库与数据表关系如图 8-2 所示。

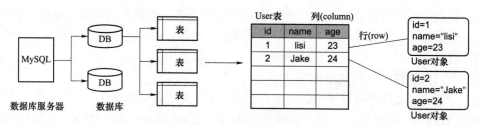

图 8-2　数据库与数据表

常见的关系型数据库管理系统有 SQL Server、DB2、Sybase、Oracle、MySQL 和 Access。

8.1.3　SQL 语言

SQL（Structured Query Language，结构化查询语言）是一种数据库查询语言和程序设计语言。它是一种关系型数据库语言，主要用于管理数据库中的数据，如存取数据、查询数据、更新数据等。

SQL 是一种介于关系代数和关系演算之间的语言，具有丰富的查询功能，同时具有数据定义和数据控制功能，是集数据定义、数据查询和数据控制于一体的关系数据语言。目前，许多关系型数据库管理系统都支持 SQL 语言，如 SQL Server、DB2、Sybase、Oracle、MySQL 和 Access 等。

SQL 语言简洁、方便、实用，为完成其核心功能，只用了 6 个词：SELECT、CREATE、INSERT、UPDATE、DELETE、GRANT（REVOKE）。目前，SQL 已成为应用最广的关系型数据库语言。

8.2　MySQL 数据库设计

8.2.1　MySQL 数据库简介

MySQL 是一个小型关系型数据库管理系统，开发者为瑞典 MySQL AB 公司。目前 MySQL 被广泛地应用在 Internet 上的中小型网站中。由于其体积小、速度快、总体拥有成本低，尤其是开放源码这一特点，许多中小型网站为了降低网站总体拥有成本而选择了 MySQL 作为网站数据库。

与其他的大型数据库相比，MySQL 还有一些不足之处，但是这丝毫也没有降低它受欢迎的程度。对于一般的个人使用者和中小型企业来说，MySQL 提供的功能已经绰绰有余，并且由于 MySQL 是开放源码软件，因此可以大大降低总体拥有成本。

大概是由于 PHP 开发者特别钟情于 MySQL，因此才在 PHP 中建立了 MySQL 支持。在 PHP 中，用来操作 MySQL 的函数一直是 PHP 的标准内置函数。开发者只需要用 PHP 写下几行代码，就可以轻松连接到 MySQL 数据库。PHP 还提供了大量的函数来对 MySQL 数据库进行操作，可以说，用 PHP 操作 MySQL 数据库极为简单和高效，这也使得 PHP+MySQL 成为当今最为流行的 Web 开发语言与数据库搭配之一。

目前 Internet 上流行的网站构架方式是 LAMP（Linux+Apache+MySQL+PHP），即使用 Linux 作为操作系统，Apache 作为 Web 服务器，MySQL 作为数据库，PHP 作为服务器端脚本解释器。由于这 4 个软件都遵循 GPL 的开放源码软件，因此，使用这种方式不用花一分钱就可以建立起一个稳定、免费的网站系统。

MySQL 数据库的特点主要有以下几个方面：

① 使用核心线程的完全多线程服务，这意味着可以采用多 CPU 体系结构。

② 可运行在不同平台。

③ 使用 C 和 C++编写，并使用多种编译器进行测试，保证了源代码的可移植性。

④ 支持 AIX、FreeBSD、HP-UX、Linux、Mac OS、Novell Netware、OpenBSD、OS/2 Wrap、Solaris、Windows 等多种操作系统。

⑤ 为多种编程语言提供了 API。这些编程语言包括 C、C++、Eiffel、Java、Perl、PHP、Python、Ruby 和 Tcl 等。

⑥ 支持多线程，充分利用 CPU 资源。

⑦ 优化的 SQL 查询算法，可有效地提高查询速度。

⑧ 既能够作为一个单独的应用程序应用在客户端服务器网络环境中，也能够作为一个库而嵌入其他的软件中提供多语言支持。常见的编码如中文的 GB2312、BIG5，日文的 Shift_JIS 等，都可以用作数据表名和数据列名。

⑨ 提供 TCP/IP、ODBC 和 JDBC 等多种数据库连接途径。

⑩ 提供可用于管理、检查、优化数据库操作的管理工具。

⑪ 可以处理拥有上千万条记录的大型数据库。

2008 年 1 月 16 日美国著名软件开发商 SUN 公司宣布收购 MySQL AB 公司。通过这两个公司的强强结合，MySQL 的功能越来越完善，从而在数据库领域发挥了更大的影响力。

本书要介绍的是 MySQL 5.5。MySQL 支持 SQL 标准，但也进行了相应的扩展。

8.2.2 启动和关闭 MySQL 服务器

1. MySQL 数据库服务的开启与关闭

在 WAMP 管理菜单中单击 "MySQL" 菜单项，弹出如图 8-3 所示的菜单。

"Start/Resume Service" 用于开启 MySQL 服务器；菜单项 "Stop Service" 用于关闭 MySQL 服务器。菜单项 "Stop Service" 处于灰色状态，表明当前的菜单项 MySQL 服务器正处于关闭状态。

启动和关闭 MySQL

2. 查看系统服务

打开 Windows 系统的 "服务" 信息，从中可以查看到 MySQL 服务器的工作状态，如图 8-4 所示。

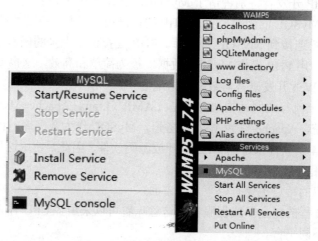

图 8-3　WAMP 中启动 MySQL

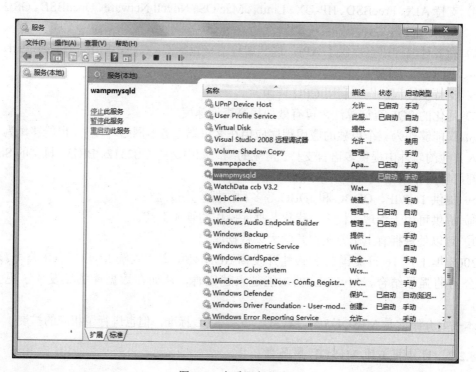

图 8-4　查看服务状态

3. 进入与退出 MySQL 管理控制台

MySQL 管理控制台是管理 MySQL 数据库的控制中心，只有进入 MySQL 管理控制台后，才能管理 MySQL 数据库。进入 MySQL 管理控制台之前，必须先启动 MySQL 数据库服务。

（1）进入 MySQL 管理控制台

在 WAMP 集成环境中进入 MySQL 控制台，可通过如图 8-5 所示菜单项进入。

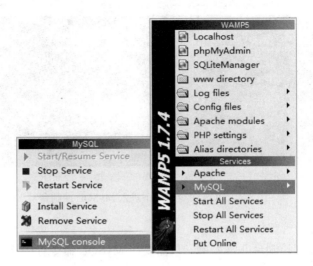

图 8-5　进入 MySQL 控制台

输入正确的 MySQL 根用户的登录密码，即可进入 MySQL 管理控制台，如图 8-6 所示。

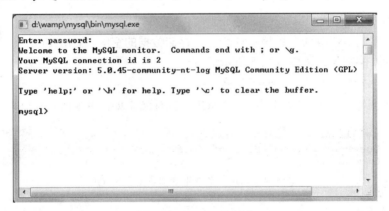

图 8-6　MySQL 控制台

此时用户即可输入正确的 MySQL 命令进行操作。

也可以采用以下方法进入 MySQL 管理控制台。

① 执行"开始"→"运行"命令，打开"运行"对话框，输入进入 DOS 命令窗口的命令。代码如下：

```
cmd
```

② 进入 DOS 命令窗口后，首先要将文件夹切换到 MySQL 的主程序文件夹，例如，C:\Program Files\wamp\MySQL\bin，输入目录切换命令。

③ 输入进入 MySQL 管理控制台的命令。语法如下：

```
mysql  –u 用户名  –p 密码
mysql –u root  –p   root
```

按 Enter 键进入 MySQL 管理控制台，如图 8-7 所示。

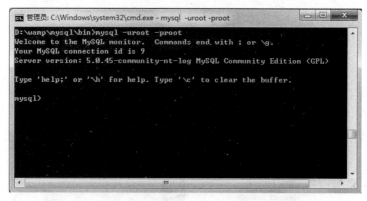

图 8-7　DOS 命令窗口下进入 MySQL 控制台

（2）退出 MySQL 管理控制台

退出 MySQL 管理控制台非常简单，只需要在 MySQL 命令行中输入"\q"或"quit"命令即可。

8.2.3　操作数据库

操作数据库

1. 创建数据库

创建数据库就是在数据库系统中划分一块存储数据的空间。在 MySQL 中，创建数据库的基本语法格式如下所示：

CREATE　DATABASE　数据库名称;

【例 8-1】创建一个学生管理数据库 XSGL，执行结果如图 8-8 所示：

```
mysql> create database xsgl;
Query OK, 1 row affected (0.07 sec)
```

图 8-8　创建一个学生管理数据库 XSGL

2. 查看数据库

为了验证数据库系统中是否创建了名称为 XSGL 的数据库，需要查看数据库。

在 MySQL 中，查看数据库的 SQL 语句如下所示：

SHOW　DATABASES;

【例 8-2】使用 SHOW DATABASES 语句查看已经存在的数据库，执行结果如图 8-9 所示。

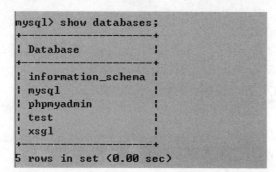

图 8-9　使用 SHOW DATABASES 语句查看已经存在的数据库

该语句可显示出 MySQL 中的所有数据库。从上面显示结果可见，XSGL 数据库已创建成功。

3. 打开数据库

创建数据库后，必须打开数据库才能进一步操作数据库。

语法格式：

USE 数据库名称;

4. 删除数据库

删除数据库是将数据库系统中已经存在的数据库删除。

成功删除数据库后，数据库中的所有数据都将被清除，原来分配的空间也将被回收。

如要删除已经创建的数据库，可使用 DROP DATABASE 命令。

语法格式：

DROP DATABASE 数据库名称;

8.2.4 MySQL 数据类型

1. 整数类型

根据数值取值范围的不同，MySQL 中的整数类型可分为 5 种，分别是 TINYINT、SMALLINT、MEDIUMINT、INT 和 BIGINT，表 8-1 列举了 MySQL 不同整数类型所对应的字节大小和取值范围。从表 8-1 中可以看出，不同整数类型所占用的字节数和取值范围都是不同的。

表 8-1 MySQL 整数类型

数据类型	字节数	无符号数的取值范围	有符号数的取值范围
TINYINT	1	0～255	−128～127
SMALLINT	2	0～65 535	−32 768～32 768
MEDIUMINT	3	0～16 777 215	−8 388 608～8 388 608
INT	4	0～4 294 967 295	−2 147 483 648～2 147 483 648
BIGINT	8	0～ 18 446 744 073 709 551 615	−9 223 372 036 854 775 808～ 9 223 372 036 854 775 808

2. 浮点数类型

浮点型也称为近似数值型。有两种浮点数据类型：单精度（FLOAT）和双精度（DOUBLE）。两者通常都使用科学计数法表示数据，即形为尾数 E 阶数，如 6.5432E20、−3.92E10、1.237 649E-9 等。

表 8-2 列举了 MySQL 中浮点数类型所对应的字节大小及其取值范围。

表 8-2 MySQL 中浮点数类型

数据类型	字节数	有符号数的取值范围	有符号数的取值范围
FLOAT	4	(−3.402 823 466E+38，−1.175 494 351E−38)，0，(1.175 494 351E−38，3.402 823 466 351E+38)	0，(1.175 494 351E−38，3.402 823 466E+38)

数据类型	字节数	有符号数的取值范围	有符号数的取值范围
DOUBLE	8	(−1.797 693 134 862 315 7E+308, −2.225 073 858 507 201 4E−308), 0, (2.225 073 858 507 201 4E−308, 1.797 693 134 862 315 7E+308)	0, (2.225 073 858 507 201 4E−308, 1.797 693 134 862 315 7E+308)

3. 精确数值型

精确数值型由整数部分和小数部分构成，其所有的数字都是有效位，能够以完整的精度存储十进制数。精确数值型包括 DECIMAL、NUMERIC 两类。从功能上说，两者完全等价，两者的唯一区别在于 DECIMAL 不能用于带有 XHENTITY 关键字的列。

在 MySQL 中，定义 DECIMAL 类型的方式如下所示：

DECIMAL(M,D)

其中 M 表示十进制数字总的个数，D 表示小数点后面数字的位数。例如：DECIMAL(5,2) 的取值范围为−999.99～999.99。

4. 日期与时间类型

为了方便在数据库中存储日期和时间，MySQL 提供了表示日期和时间的数据类型，分别是 YEAR、DATE、TIME、DATETIME 和 TIMESTAMP。表 8-3 列举了这些 MySQL 中日期和时间数据类型所对应的字节数、取值范围、日期格式及用途。

表 8-3　MySQL 日期和时间类型

数据类型	字节数	取值范围	日期格式	用途
YEAR	1	1901/2155	YYYY	年份值
DATE	3	1000-01-01/9999-12-31	YYYY-MM-DD	日期值
TIME	3	'-838:59:59' / '838:59:59'	HH:MM:SS	时间值或持续时间
DATETIME	8	1000-01-01 00:00:00/9999-12-31 23:59:59	YYYY-MM-DD HH:MM:SS	混合日期和时间值
TIMESTAMP	4	1970-01-01 00:00:00/2038 结束时间是第 2 147 483 647 秒，北京时间 2038-1-19 11:14:07，格林尼治时间 2038 年 1 月 19 日凌晨 03:14:07	YYYYMMDD HHMMSS	混合日期和时间值，时间戳

需要注意的是，如果插入的数值不合法，系统会自动将对应的零值插入数据库中。

为了让大家更好地学习日期和时间类型，接下来对表 8-3 中的类型进行详细讲解，具体如下：

（1）YEAR 类型

YEAR 类型用于表示年份，在 MySQL 中，可以使用以下三种格式指定 YEAR 类型的值：

① 使用 4 位字符串或数字表示，范围为 '1901' ～ '2155' 或 1901～2155。

② 使用 2 位字符串表示，范围为 '00' ～ '99'。

③ 使用 2 位数字表示，范围为 1～99。

需要注意的是，当使用 YEAR 类型时，一定要区分 '0' 和 0。因为字符串格式的 '0' 表示的是 YEAR 值是 2000，而数字格式的 0 表示的 YEAR 值是 0000。

（2）DATE 类型

DATE 类型用于表示日期值，不包含时间部分。

在 MySQL 中，可以使用以下四种格式指定 DATE 类型的值：

① 以 'YYYY-MM-DD' 或者 'YYYYMMDD' 字符串格式表示。

② 以 'YY-MM-DD' 或者 'YYMMDD' 字符串格式表示。

③ 以 YY-MM-DD 或者 YYMMDD 数字格式表示。

④ 使用 CURRENT_DATE 或者 NOW( )表示当前系统日期。

（3）TIME 类型

TIME 类型用于表示时间值，它的显示形式一般为 HH:MM:SS，其中，HH 表示小时，MM 表示分，SS 表示秒。

在 MySQL 中，可以使用以下三种格式指定 TIME 类型的值：

① 以 'D HH:MM:SS' 字符串格式表示。

② 以 'HHMMSS' 字符串格式或者 HHMMSS 数字格式表示。

③ 使用 CURRENT_TIME 或 NOW( )输入当前系统时间。

（4）DATETIME 类型

DATETIME 类型用于表示日期和时间，它的显示形式为 'YYYY-MM-DD HH:MM:SS'，其中，YYYY 表示年，MM 表示月，DD 表示日，HH 表示小时，MM 表示分，SS 表示秒。

在 MySQL 中，可以使用以下四种格式指定 DATETIME 类型的值：

① 以 'YYYY-MM-DD HH:MM:SS' 或者 'YYYYMMDDHHMMSS' 字符串格式表示的日期和时间，取值范围为 '1000-01-01 00:00:00' ～ '9999-12-3 23:59:59'。

② 以 'YY-MM-DD HH:MM:SS' 或者 'YYMMDDHHMMSS' 字符串格式表示的日期和时间，其中 YY 表示年，取值范围为 '00' ～ '99'。

③ 以 YYYYMMDDHHMMSS 或者 YYMMDDHHMMSS 数字格式表示的日期和时间。

④ 使用 NOW 来输入当前系统的日期和时间。

5. 字符串和二进制类型

为了存储字符串、图片和声音等数据，MySQL 提供了字符串和二进制类型，表 8-4 列举了 MySQL 中的字符串和二进制类型。

表 8-4 MySQL 字符串和二进制类型

数据类型	类型说明
CHAR	用于表示固定长度的字符串
VARCHAR	用于表示可变长度的字符串
BINARY	用于表示固定长度的二进制数据
VARBINARY	用于表示可变长度的二进制数据

续表

数据类型	类型说明
BOLB	用于表示二进制大数据
TEXT	用于表示大文本数据
BIT	表示位字段类型

表 8-4 列举的字符串和二进制类型中，不同数据类型具有不同的特点，接下来针对这些数据类型进行详细讲解，具体如下：

（1）CHAR 和 VARCHAR 类型

CHAR 和 VARCHAR 类型都用来表示字符串数据的，不同的是，VARCHAR 可以存储可变长度的字符串。

在 MySQL 中，定义 CHAR 和 VARCHAR 类型的方式如下所示：

CHAR(M) 或 VARCHAR(M)

在上述定义方式中，M 指的是字符串的最大长度。

为了帮助大家更好地理解 CHAR 和 VARCHAR 之间的区别，接下来以 CHAR(4)和 VARCHAR(4)为例进行说明，具体见表 8-5。

表 8–5　CHAR(4)和 VARCHAR(4)对比

插入值	CHAR(4)	存储需求/字节	VARCHAR(4)	存储需求/字节
'ab'	'ab'	4	'ab'	3
'abc'	'abc'	4	'abc'	4
'abcd'	'abcd'	4	'abcd'	5
'abcdef'	'abcd'	4	'abcd'	5

从表 8-5 中可以看出，当数据为 CHAR(4)类型时，不管插入值的长度是多少，所占用的存储空间都是 4 个字节，而 VARCHAR(4)所对应的数据所占用的字节数为实际长度加 1。

（2）BINARY 和 VARBINARY 类型

BINARY 和 VARBINARY 类型类似于 CHAR 和 VARCHAR，不同的是，它们所表示的是二进制数据。

定义 BINARY 和 VARBINARY 类型的方式如下所示：

BINARY(M) 或 VARBINARY(M)

需要注意的是，BINARY 类型的长度是固定的，如果数据的长度不足最大长度，将在数据的后面用 "\0" 补齐，最终达到指定长度。

（3）TEXT 类型

TEXT 类型用于表示大文本数据，例如，文章内容、评论等，它的类型分为四种，具体见表 8-6。

表 8-6　TEXT 类型

数据类型	存储范围/字节
TINYTEXT	0～255
TEXT	0～65 535
MEDIUMTEXT	0～16 777 215
LONGTEXT	0～4 294 967 295

（4）BLOB 类型

BLOB 类型是一种特殊的二进制类型，它用于表示数据量很大的二进制数据，例如图片、PDF 文档等。

BLOB 类型分为四种，具体见表 8-7。

表 8-7　BLOB 类型

数据类型	存储范围/字节
TINYBLOB	0～255
BLOB	0～65 535
MEDIUMBLOB	0～16 777 215
LONGBLOB	0～4 294 967 295

需要注意的是，BLOB 类型与 TEXT 类型很相似，但 BLOB 类型数据是根据二进制编码进行比较和排序的，而 TEXT 类型数据是根据文本模式进行比较和排序的。

（5）BIT 类型

BIT 类型用于表示二进制数据。定义 BIT 类型的基本语法格式如下所示：

```
BIT(M)
```

在上述格式中，M 用于表示每个值的位数，范围为 1～64。

需要注意的是，如果分配的 BIT(M)类型的数据长度小于 M，将在数据的左边用 0 补齐。

8.2.5　操作 MySQL 数据表

1. 创建数据表

创建数据表的实质就是定义表结构和列的属性。

需要注意的是，在操作数据表之前，应该使用 "USE 数据库名" 指定操作是在哪个数据库中进行，否则会抛出 "No database selected" 错误。

操作数据表

创建数据表的基本语法格式如下所示：

```
CREATE TABLE 表名
(    <列名 1>   <数据类型>   [<列选项>],
<列名 2>   <数据类型>   [<列选项>],
…
```

```
<表选项>
);
```

【例 8-3】在 XSGL 数据库中创建 XSXX（学生信息）数据表。内容包括学号、姓名、性别、年龄、出生日期、入学总分。命令如下：

```
use xsgl;
create    table xsxx
(xh char(6),
xm varchar(8),
xb char(2),
nl int,
csrq date,
rxzf float
);
```

输入的命令及运行的结果如图 8-10 所示。

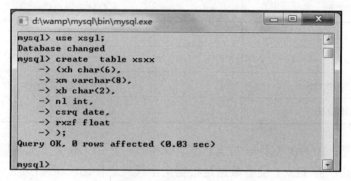

图 8-10　程序运行结果

2. 显示数据库中的表

若要显示出当前数据库中所包含的表，可使用 SHOW TABLES 命令。

语法格式：

```
SHOW TABLES;
```

【例 8-4】显示 XSGL 数据库中包含的表。

输入的命令及显示的结果如图 8-11 所示。

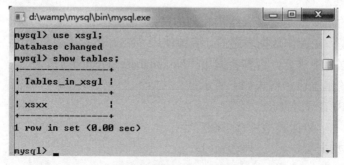

图 8-11　程序运行结果

3. 查看表结构

查看表结构命令能够显示出指定数据表的结构定义。

语法格式：

```
DESC 数据表名称;
```

【例 8-5】 查看 XSGL 数据库中 XSXX 表的结构。

输入的命令及显示结果如图 8-12 所示。

```
d:\wamp\mysql\bin\mysql.exe
mysql> desc xsxx;
+-------+------------+------+-----+---------+-------+
| Field | Type       | Null | Key | Default | Extra |
+-------+------------+------+-----+---------+-------+
| xh    | char(6)    | YES  |     | NULL    |       |
| xm    | varchar(8) | YES  |     | NULL    |       |
| xb    | char(2)    | YES  |     | NULL    |       |
| nl    | int(11)    | YES  |     | NULL    |       |
| csrq  | date       | YES  |     | NULL    |       |
| rxzf  | float      | YES  |     | NULL    |       |
+-------+------------+------+-----+---------+-------+
6 rows in set (0.08 sec)

mysql> _
```

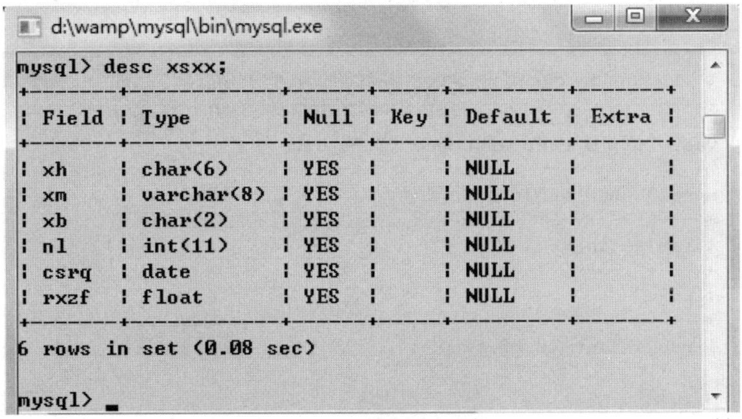

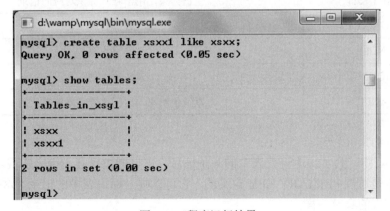

图 8-12　程序运行结果

4. 复制数据表

若要将已创建的数据表复制为新表，可使用复制数据表命令。

语法格式：

```
CREATE TABLE 新表名 LIKE 旧表名;
```

使用 LIKE 关键字创建一个与“旧表”相同结构的“新表”，列名、数据类型等都将被复制，但是表的内容不会复制，因此创建的新表是一个空表。

【例 8-6】 创建一个与 XSXX 表结构完全相同的数据表 XSXX1。

输入的命令及结果如图 8-13 所示。

```
d:\wamp\mysql\bin\mysql.exe
mysql> create table xsxx1 like xsxx;
Query OK, 0 rows affected (0.05 sec)

mysql> show tables;
+----------------+
| Tables_in_xsgl |
+----------------+
| xsxx           |
| xsxx1          |
+----------------+
2 rows in set (0.00 sec)

mysql>
```

图 8-13　程序运行结果

5. 删除数据表

删除数据表是指删除数据库中已存在的表，在删除数据表的同时，数据表中存储的数据都将被删除。在 MySQL 中，直接使用 DROP TABLE 语句就可以删除没有被其他表关联的数据表，其基本的语法格式如下所示：

DROP TABLE 数据表名称;

【例 8-7】删除已创建的数据表 XSXX1。

输入的命令及运行结果如图 8-14 所示。

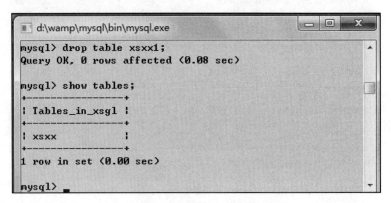

图 8-14　程序运行结果

6. 表的约束

为了防止数据表中插入错误的数据，在 MySQL 中，定义了一些维护数据库完整性的规则，即表的约束。表 8-8 列举了常见的表的约束。

表 8-8 列举的约束条件都是针对表中字段进行限制的，从而保证了数据表中数据的正确性和唯一性。

表 8-8　表的约束

约束条件	说　　明
PRIMARY KEY	主键约束，用于唯一标识对应的记录
FOREIGN KEY	外键约束
NOT NULL	非空约束
UNIQUE	唯一性约束
DEFAULT	默认值约束，用于设置字段的默认值

（1）主键约束

在 MySQL 中，为了快速查找表中的某条信息，可以通过设置主键来实现。

主键约束是通过 PRIMARY KEY 定义的，它可以唯一标识表中的记录，这就好比身份证可以用来标识人的身份一样。

在 MySQL 中，主键约束分为两种，具体如下：

1）单字段主键

单字段主键指的是由一个字段构成的主键，其基本的语法格式如下所示：

字段名 数据类型 PRIMARY KEY

【例 8-8】创建一个数据表 XSCJ，并设置 XH 作为主键，SQL 语句如下：

```
create table xscj
(xh char(6) primary key,
xm varchar(8),
cj float
);
```

上述 SQL 语句执行后，XSCJ 表中创建了 XH、XM 和 CJ 三个字段，其中，XH 字段是主键。

2）多字段主键

多字段主键指的是多个字段组合而成的主键，其基本的语法格式如下所示：

PRIMARY KEY (字段名 1,字段名 2,…, 字段名 n)

【例 8-9】创建一个数据表 KCCJ（课程成绩表），在表中将 XH（学号）和 KCH（课程号）两个字段共同作为主键。SQL 语句如下：

```
create table kccj
(xh char(6),
kch char(3),
cj float,
primary key(xh,kch)
);
```

XH 和 KCH 两个字段组合可以唯一确定一条记录。

需要注意的是，每个数据表中最多只能有一个主键约束，定义为 PRIMARY KEY 的字段不能有重复值且不能为 NULL 值。

（2）非空约束

非空约束指的是字段的值不能为 NULL，在 MySQL 中，非空约束是通过 NOT NULL 定义的，其基本的语法格式如下所示：

字段名 数据类型 NOT NULL;

（3）唯一约束

唯一约束用于保证数据表中字段的唯一性，即表中字段的值不能重复出现。唯一约束是通过 UNIQUE 定义的，其基本的语法格式如下所示：

字段名 数据类型 UNIQUE;

（4）默认约束

默认约束用于给数据表中的字段指定默认值，即当在表中插入一条新记录时，如果没有给这个字段赋值，那么，数据库系统会自动为这个字段插入默认值。默认值是通过 DEFAULT 关键字定义的。

默认约束基本的语法格式如下所示：

字段名 数据类型 DEFAULT 默认值;

【例 8-10】创建一个数据表 BJ（班级表），将表中的 BH（班号）字段设置为唯一约束，BM（班名）字段设置为非空约束，RS（人数）字段设置默认值为 30。SQL 语句如下：

```
create table bj
(bh char(3) unique,
bm varchar(20) not null,
rs int default 30
);
```

需要注意的是，在同一个数据表中可以定义多个非空字段、唯一约束、默认值约束。

8.2.6 操作数据表数据

1. 插入表数据

创建了数据库和表之后，下一步就是向表中插入数据。通过 INSERT 语句可以向表中插入一行或多行数据。

其语法格式如下所示：

INSERT [INTO] 表名[(字段名 1,字段名 2,…)] VALUES(值 1, 值 2,…),(…),…

Insert 语句

"字段名 1, 字段名 2, …"表示数据表中的字段名称；"值 1, 值 2, …"表示每个字段的值，每个值的顺序、类型必须与对应的字段相匹配。

注意：插入记录的字段类型如果是字符串类型，插入值既可以使用单引号，也可以使用双引号。

（1）为表中所有字段添加数据

向表中添加所有字段值时，需在表名后列出表的所有字段名，或只写表名而省略所有字段名，此时 VALUES 后面需按字段顺序给出所有对应的值。

【例 8-11】向 XSXX 表中添加一条新记录，记录中 XH 字段的值为 210001，XM 字段的值为"张三"，XB 字段的值为"男"，NL 字段值为 19，CSRQ 字段值为"1998/5/4"，RXZF 字段值为 350。输入的命令及运行结果如图 8-15 所示。

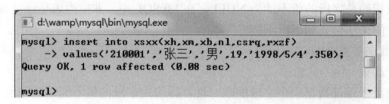

图 8-15　程序运行结果

需要注意的是，使用此方式添加记录时，表名后的字段顺序可以与其在表中定义的顺序不一致，它们只需要与 VALUES 中值的顺序一致即可。

也可采用下面的命令格式输入新记录，为所有字段添加数据：

insert into xsxx values('210002','李四','女',19,'1998/3/2',330);

此时 VALUES 中值的顺序必须与表中字段定义的顺序一致，否则可能会因对应数据类型不匹配而出错。

（2）为表中部分字段添加数据

为表的指定字段添加数据，就是在 INSERT 语句中只向部分字段中添加值，而其他字段的值为表定义时的默认值。

【例 8-12】向 BJ 表中添加一条新记录，BH 为 101，BM 为 "信息 G171"，RS 取默认值。输入的命令及运行结果如图 8-16 所示。

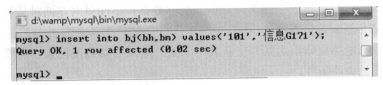

图 8-16　程序运行结果

在上述语法格式中，每个值的顺序、类型必须与对应的字段相匹配。

需要注意的是，如果某个字段在定义时添加了非空约束，但没有添加 default 约束，那么插入新记录时就必须为该字段赋值，否则数据库系统会提示错误。

（3）同时添加多条记录

在 MySQL 中提供了使用一条 INSERT 语句同时添加多条记录的功能。

【例 8-13】向 XSXX 表中添加两条新记录。输入的命令及运行结果如图 8-17 所示。

图 8-17　程序运行结果

为了验证表中记录是否插入成功，可使用 SELECT 语句查看，如图 8-18 所示。

图 8-18　SELECT 查询结果

SELECT 语句的具体用法将在后面详述。

2. 修改表数据

向表中插入数据后，如要修改表中的数据，可以使用 UPDATE 语句。

语法格式：

UPDATE 表名

UPDATE 和
DELETE 语句

SET 字段名 1 = 值 1[, 字段名 2 = 值 2, …]

[WHERE 条件表达式]

在上述语法格式中，"字段名 1""字段名 2"用于指定要更新的字段名称；"值 1""值 2"用于表示字段更新的新数据；"WHERE 条件表达式"是可选的，用于指定更新数据需要满足的条件。

UPDATE 语句可以更新表中的部分数据和全部数据，下面就对这两种情况进行讲解：

（1）UPDATE 更新部分数据

更新部分数据是指根据指定条件更新表中的某一条或者某几条记录，需要使用 WHERE 子句来指定更新记录的条件。

【例 8-14】更新 XSXX 表中 XH 字段值为"210001"的记录，将记录中的 XM 字段的值更改为'张华'，RXZF 字段的值更改为 355。输入的命令及运行结果如图 8-19 所示。

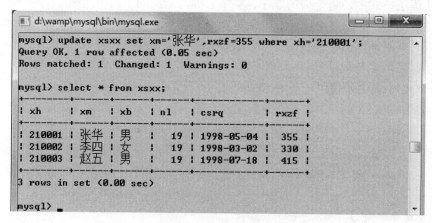

图 8-19　程序运行结果

从查询结果可以看到，XH 字段值为 210001 的记录发生了更新，记录中 XM 字段的值变为'张华'，RXZF 字段的值变为 350。

如果表中有多条记录满足 WHERE 子句中的条件表达式，则满足条件的记录都会发生更新。

（2）UPDATE 更新全部数据

在 UPDATE 语句中如果没有使用 WHERE 子句，则会将表中所有记录的指定字段都进行更新。

【例 8-15】将 XSXX 表中所有记录的 RXZF 都减少 5 分。

输入的命令及运行结果如图 8-20 所示。

3. 删除表数据

MySQL 中使用 DELETE 语句来删除表中的记录，其语法格式如下所示：

DELETE FROM 表名 [WHERE 条件表达式]

在上面的语法格式中，"表名"指定要执行删除操作的表；WHERE 子句为可选参数，用于指定删除的条件，满足条件的记录会被删除。

DELETE 语句可以删除表中的部分数据和全部数据，下面就对这两种情况进行讲解：

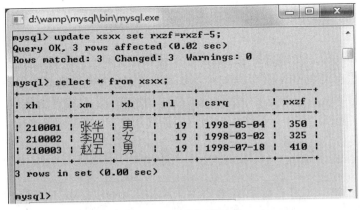

图 8-20　程序运行结果

（1）DELETE 删除部分数据

删除部分数据是指根据指定条件删除表中的某一条或者某几条记录，需要使用 WHERE 子句来指定删除记录的条件。

【例 8-16】在 XSXX 表中，删除 XM 字段值为"赵五"的记录。

输入删除命令，然后查询删除后的结果，如图 8-21 所示。

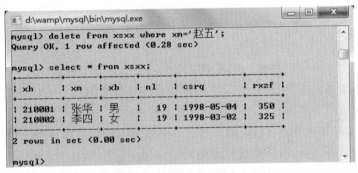

图 8-21　程序运行结果

在执行删除操作的表中，如果有多条记录满足 WHERE 子句中的条件表达式，则满足条件的记录都会被删除。

（2）DELETE 删除全部数据

在 DELETE 语句中如果没有使用 WHERE 子句，则会将表中的所有记录都删除。

【例 8-17】删除 XSXX 表中的所有记录。

输入删除命令，然后查看删除后的结果，如图 8-22 所示。

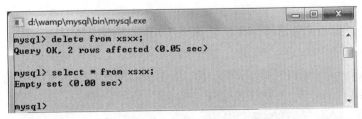

图 8-22　程序运行结果

从查询结果可以看到记录为空，说明表中所有的记录被成功删除。

4. 显示表内容

使用数据库和表的主要目的是存储数据，以便在需要时进行检索、统计或组织输出，通过 SQL 的 SELECT 语句可以从表中迅速、方便地检索数据。

SELECT 语句可以从一个或多个表中选取特定的行和列，结果通常是生成一个临时表。在执行过程中，系统根据用户的标准从数据库中选出匹配的行和列，并将结果放到临时的表中。

SELECT
语句 L

其语法格式如下：

```
SELECT
    [DISTINCT] *|{字段名 1,字段名 2, ...}|表达式
    [FROM 表 1 [,表 2] ...]                              /*FROM 子句*/
    [WHERE 条件表达式]                                   /*WHERE 子句*/
    [GROUP BY {列名 | 表达式 | 位置} [ASC | DESC],...]   /*GROUP BY 子句*/
    [HAVING 条件]                                        /*HAVING 子句*/
    [ORDER BY {列名 | 表达式 | 位置} [ASC | DESC] ,...]  /*ORDER BY 子句*/
    [LIMIT {[偏移,] 行数}]                               /*LIMIT 子句*/
```

说明：

① "字段名 1,字段名 2, ..." 表示从表中查询的指定字段，星号（"*"）通配符表示表中所有字段，两者为互斥关系，任选其一。

② "DISTINCT" 是可选参数，用于剔除查询结果中重复的数据。

③ "[FROM 表 1 [,表 2] ..." 表示从指定的表中查询数据。

④ "WHERE" 是可选参数，用于指定查询条件。

⑤ "GROUP BY" 是可选参数，用于将查询结果按照指定字段进行分组，"HAVING" 也是可选参数，用于对分组后的结果进行过滤。

⑥ "ORDER BY" 是可选参数，用于将查询结果按照指定字段进行排序。排序方式由参数 ASC 或 DESC 控制，其中 ASC 表示按升序进行排列，DESC 表示按降序进行排列。如果不指定参数，默认为升序排列。

⑦ "LIMIT" 是可选参数，用于限制查询结果的数量。LIMIT 后面可以跟 2 个参数，第一个参数 "OFFSET" 表示偏移量，如果偏移量为 0，则从查询结果的第一条记录开始，偏移量为 1，则从查询结果的中第二条记录开始，依此类推。"OFFSET" 为可选值，如果不指定，其默认值为 0。第二个参数 "记录数" 表示返回查询记录的条数。

（1）选择字段列表

1）在 SELECT 语句中指定所有字段

在 SELECT 语句中列出所有字段名来查询表中的数据。

首先在 XSXX 表中插入相关记录，语句如下：

```
insert into xsxx values('210001', '张三', '男',19, '1998/5/4',350),
('210002', '李四', '女',19, '1998/3/2',325),
('210003', '赵五', '男',19, '1998/7/18',410),
('210004', '李小明', '男',20, '1997/12/1',330);
```

【例 8-18】查询 XSXX 表中的所有记录的所有信息。

输入的语句及运行结果如图 8-23 所示。

```
d:\wamp\mysql\bin\mysql.exe

mysql> select xh,xm,xb,nl,csrq,rxzf from xsxx;
+--------+--------+------+------+------------+------+
| xh     | xm     | xb   | nl   | csrq       | rxzf |
+--------+--------+------+------+------------+------+
| 210001 | 张三   | 男   |   19 | 1998-05-04 |  350 |
| 210002 | 李四   | 女   |   19 | 1998-03-02 |  325 |
| 210003 | 赵五   | 男   |   19 | 1998-07-18 |  410 |
| 210004 | 李小明 | 男   |   20 | 1997-12-01 |  330 |
+--------+--------+------+------+------------+------+
4 rows in set (0.00 sec)

mysql>
```

图 8-23　程序运行结果

从查询结果可以看出，SELECT 语句成功地查出了表中所有字段的数据。

需要注意的是，在 SELECT 语句的查询字段列表中，字段的顺序是可以改变的，无须按照其表中定义的顺序进行排列。例如，在 SELECT 语句中将 XM 字段放在查询列表的最后一列，则执行结果中 XM 字段将在最后一列显示。

2）在 SELECT 语句中使用星号("*")通配符代替所有字段

在 SELECT 语句中，可使用星号("*")通配符代替所有字段来查询表中的数据。

【例 8-19】在 SELECT 语句中使用星号("*")通配符查询 XSXX 表中的所有字段。

SQL 语句为：

select * from xsxx;

运行结果将与前面例题相同。

注意：一般情况下，除非需要使用表中所有字段的数据，否则最好不要使用星号通配符，使用通配符虽然可以节省输入查询语句的时间，但由于获取的数据过多，会降低查询的效率。

3）查询指定字段

查询数据时，可以在 SELECT 语句的字段列表中指定要查询的字段，这种方式只针对部分字段进行查询，不会查询所有字段。

【例 8-20】使用 SELECT 语句查询 XSXX 表中 XM 字段和 RXZF 字段的数据。

输入的语句及运行结果如图 8-24 所示。

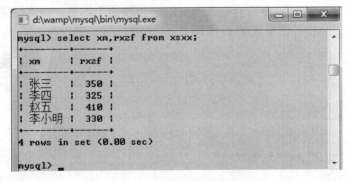

图 8-24　程序运行结果

4）更改列标题

在选择列表中，可重新指定列标题。

MySQL 中为字段起别名的格式如下所示：

SELECT 字段名 [AS] 别名[,字段名 [AS] 别名,…] FROM 表名;

【例 8-21】查询 XSXX 表中所有记录的 XM 和 RXZF 字段值，并为这两个字段起别名"姓名"和"入学总分"。SQL 语句及其执行结果如图 8-25 所示。

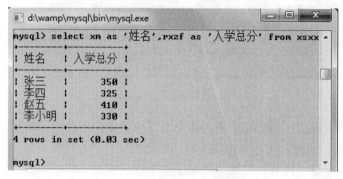

图 8-25   程序运行结果

5）聚合函数的使用

MySQL 中提供了一些函数来实现对某些数据进行统计，具体见表 8-9。

表 8-9   聚合函数

函数名称	作 用
COUNT( )	返回某列的行数
SUM( )	返回某列值的和
AVG( )	返回某列的平均值
MAX( )	返回某列的最大值
MIN( )	返回某列的最小值

表 8-9 中的函数用于对一组值进行统计，并返回唯一值，这些函数被称为聚合函数。

【例 8-22】查询 XSXX 表中所有记录的 RXZF 字段的平均值，并将结果显示为"入学平均分"。SQL 语句及其执行结果如图 8-26 所示。

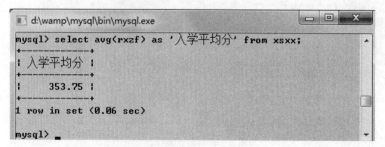

图 8-26   程序运行结果

（2）使用 WHERE 子句设置查询条件

在 SELECT 语句中，最常见的是使用 WHERE 子句指定查询条件来对数据进行过滤。
WHERE 子句可包含各种条件运算符：

1）比较运算符

在 MySQL 中，常见的比较运算符见表 8-10。

表 8-10　关系运算符

关系运算符	说　　明
=	等于
<>	不等于
!=	不等于
<	小于
<=	小于等于
>	大于
>=	大于等于

需要说明的是，"<>" 运算符和 "!=" 等价，都表示不等于。

【例 8-23】查询 XSXX 表中 RXZF 大于或等于 350 分的学生信息。

SQL 语句及其执行结果如图 8-27 所示。

```
d:\wamp\mysql\bin\mysql.exe

mysql> select * from xsxx where rxzf>=350;
+--------+------+------+------+------------+------+
| xh     | xm   | xb   | nl   | csrq       | rxzf |
+--------+------+------+------+------------+------+
| 210001 | 张三 | 男   | 19   | 1998-05-04 | 350  |
| 210003 | 赵五 | 男   | 19   | 1998-07-18 | 410  |
+--------+------+------+------+------------+------+
2 rows in set (0.06 sec)

mysql>
```

图 8-27　程序运行结果

2）带 IN 关键字的查询

IN 关键字用于判断某个字段的值是否在指定集合中，如果字段的值在集合中，则满足条件，该字段所在的记录将被查询出来。

语法格式如下所示：

where 字段名 [not]　in(元素 1,元素 2, …)

在上面的语法格式中，"元素 1,元素 2, …" 表示集合中的元素，即指定的条件范围。NOT 是可选参数，使用 NOT 表示查询不在 IN 关键字指定集合范围中的记录。

【例 8-24】 查询 XSXX 表中 xh 值为 21001、210003 的记录。

SQL 语句及其执行结果如图 8-28 所示。

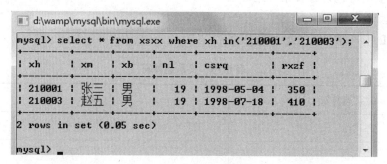

图 8-28 程序运行结果

3）带 BETWEEN AND 关键字的查询

BETWEEN AND 用于判断某个字段的值是否在指定的范围之内。如果字段的值在指定范围内，则满足条件，该字段所在的记录将被查询出来；反之，则不会被查询出来。

语法格式如下所示：

> where 字段名 [not] between 值 1 and 值 2

在上面的语法格式中，"值 1"表示范围条件的起始值，"值 2"表示范围条件的结束值。NOT 是可选参数，使用 NOT 表示查询指定范围之外的记录。通常情况下，"值 1"小于"值 2"，否则查询不到任何结果。

【例 8-25】 查询 XSXX 表中 RXZF 值在 300～400 的学生 XM 和 RXZF。SQL 语句及运行结果如图 8-29 所示。

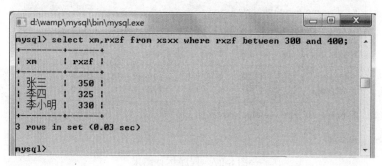

图 8-29 程序运行结果

4）空值查询

在数据表中，某些列的值可能为空值（NULL），空值不同于 0，也不同于空字符串。在 MySQL 中，使用 IS NULL 关键字来判断字段的值是否为空值。

语法格式如下所示：

> where 字段名 is [not] null

在上面的语法格式中，"NOT"是可选参数，使用 NOT 关键字用于判断字段不是空值。

5）带 DISTINCT 关键字的查询

在 SELECT 语句中，可以使用 DISTINCT 关键字来去掉查询记录中重复的值。

语法格式如下：

SELECT DISTINCT 字段名 FROM 表名;

【例 8-26】查询 XSXX 表中 XB 字段的值，查询记录不能重复。SQL 语句及运行结果如图 8-30 所示。

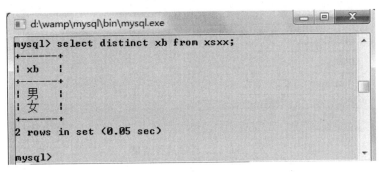

图 8-30 程序运行结果

从查询记录可以看到，这次查询只返回了 2 条记录的 XBr 值，分别为"男"和"女"，不再有重复值。

6）带 LIKE 关键字的查询

MySQL 中提供了 LIKE 关键字，用于对字符串进行模糊查询。

语法格式如下：

where 字段名 [not] like '匹配字符串'

NOT 是可选参数，使用 NOT 表示查询与指定字符串不匹配的记录。"匹配字符串"指定用来匹配的字符串，其值可以是一个普通字符串，也可以是包含百分号（%）和下划线（_）的通配字符串。百分号和下划线统称为通配符。

① 百分号（%）通配符。可以匹配任意长度的字符串，包括空字符串。

【例 8-27】查找 XSXX 表中姓"李"的学生的 XH 和 XM。SQL 语句及运行结果如图 8-31 所示。

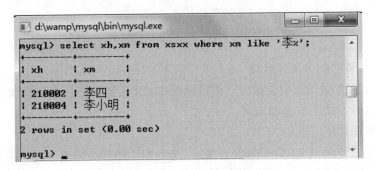

图 8-31 程序运行结果

百分号通配符可以出现在通配字符串的任意位置。在通配字符串中，可以出现多个百分号通配符。

LIKE 之前可以使用 NOT 关键字，用来查询与指定通配字符串不匹配的记录。

② 下划线（_）通配符。可以匹配单个任意字符，包括空字符。

【例 8-28】查询 XSXX 表中姓"李"且名字为两个字的学生的 XH 和 XM。SQL 语句及运行结果如图 8-32 所示。

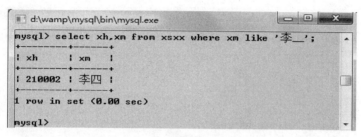

图 8-32　程序运行结果

由于一个汉字为两个字节，所以上例中需输入两个下划线。

7）带 AND 关键字的多条件查询

在 MySQL 中，提供了一个 AND 关键字，使用 AND 关键字可以连接两个或者多个查询条件，只有满足所有条件的记录才会被返回。

语法格式如下所示：

WHERE　条件表达式 1 AND　条件表达式 2 [… AND　条件表达式 n];

【例 8-29】查询 XSXX 表中 NL 为 19，并且 XB 字段值为"女"的学生 XH、XM 和 NL。SQL 语句及运行结果如图 8-33 所示。

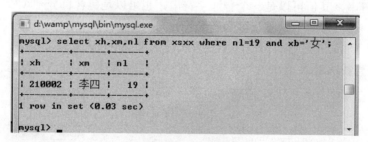

图 8-33　程序运行结果

8）带 OR 关键字的多条件查询

在使用 SELECT 语句查询数据时，也可以使用 OR 关键字连接多个查询条件，只要记录满足任意一个条件，就会被查询出来。

语法格式如下所示：

WHERE　条件表达式 1　OR　条件表达式 2 [… OR　条件表达式 n];

【例 8-30】查询 XSXX 表中 NL 字段值为 20 或者 XB 字段值为"女"的学生 XM、XB 和 NL。SQL 语句及其执行结果如图 8-34 所示。

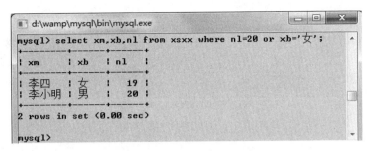

图 8-34　程序运行结果

只要记录满足 OR 关键字连接的任意一个条件，就会被查询出来，而不需要同时满足两个条件表达式。

（3）对查询结果排序

为了使查询结果满足用户的要求，可以使用 ORDER BY 对查询结果进行排序。

ORDER BY 子句的语法格式：

ORDER BY 字段名 1 [ASC | DESC]，字段名 2 [ASC | DESC]…

参数 ASC 表示按照升序进行排序，DESC 表示按照降序进行排序。默认情况下，按照 ASC 方式进行排序。

【例 8-31】查出 XSXX 表中的所有记录，并按照 RXZF 字段进行降序排序。SQL 语句及其执行结果如图 8-35 所示。

图 8-35　程序运行结果

（4）分组查询

在 MySQL 中，可以使用 GROUP BY 按某个字段或者多个字段中的值进行分组，字段中值相同的为一组。

GROUP BY 子句语法格式如下所示：

GROUP BY 字段名 [HAVING 条件表达式]

指定的字段名是对查询结果分组的依据。HAVING 关键字指定条件表达式对分组后的内容进行过滤。需要特别注意的是，GROUP BY 一般和聚合函数一起使用，如果查询的字段出现在 GROUP BY 后，却没有包含在聚合函数中，该字段显示的是分组后的第一条记录的值，这样有可能会导致查询结果不符合预期。

【例 8-32】查询 XSXX 表中的记录，按照 XB 字段值进行分组，统计每组 RXZF 字段的最大值。SQL 语句及其执行结果如图 8-36 所示。

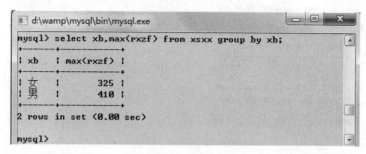

图 8-36　程序运行结果

（5）使用 LIMIT 限制查询结果的数量

MySQL 中提供了一个关键字 LIMIT，可以指定查询结果从哪一条记录开始及一共查询多少条信息。

LIMIT 子句语法格式如下所示：

LIMIT [OFFSET，] 记录数

【例 8-33】查询 XSXX 表中的前两条记录。SQL 语句及其执行结果如图 8-37 所示。

```
d:\wamp\mysql\bin\mysql.exe
mysql> select xb,max(rxzf) from xsxx group by xb;
+------+-----------+
| xb   | max(rxzf) |
+------+-----------+
| 女   |       325 |
| 男   |       410 |
+------+-----------+
2 rows in set (0.00 sec)
```

图 8-37　程序运行结果

8.3　phpMyAdmin 图形管理工具

MySQL 数据库和 PHP 的配合可以说是天衣无缝，但是由于 MySQL 是基于 Linux 环境开发出来的自由软件，其命令提示符的操作方式，让用惯了 Windows 图形环境的初学者很不适应。出于管理数据库的便利，使用命令提示符可能并不是最佳选择，而仅仅是有助于读者深入理解 MySQL 数据库。在 PHP 编程的过程中，使用 phpMyAdmin 来管理 MySQL 数据库是一种非常流行的方法，同时也是比较明智的选择。

PhpMyAdmin 提供了一个简洁的图形界面，该界面不同于普通的运行程序，而是以 Web 页面的形式体现，在相关的一系列 Web 页面中，完成对 MySQL 数据库的所有操作。

8.3.1　登录 phpMyAdmin

在 WAMP 管理菜单中单击"phpMyAdmin"菜单项，打开 phpMyAdmin 的登录页面，输入登入名称"root"，密码"root"，如图 8-38 所示。

图 8-38　登录 phpMyAdmin

单击"执行"按钮，打开 phpMyAdmin 图形化管理界面，如图 8-39 所示。

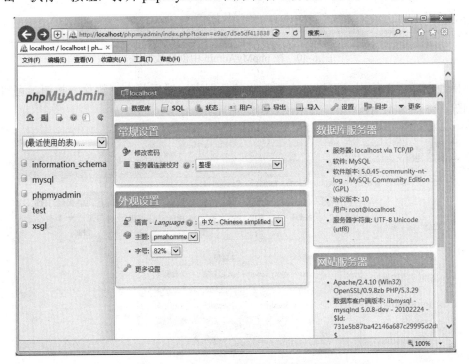

图 8-39　phpMyAdmin 图形化管理界面

在 phpMyAdmin 的主界面中，采用左右框架的形式将整个窗口分为两大部分，左边是选择数据库的窗口，用户创建的所有数据库都将出现在此窗口中；右边的窗口主要提供了 MySQL 数据库的创建功能及 phpMyAdmin 的部分文档和设置。

8.3.2 操作数据库

使用 phpMyAdmin 创建数据库，输入数据库名称，如图 8-40 所示，单击"创建"按钮。创建成功后，右侧数据库中能够找到新建的数据库。

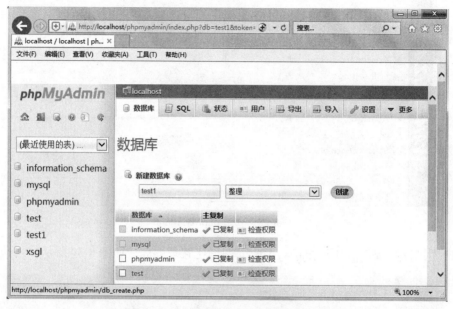

图 8-40　在 phpMyAdmin 中创建数据库

如果数据库不再使用，可以选中要删除的数据库，然后单击"删除"按钮，可将对应数据库删除，如图 8-41 所示。

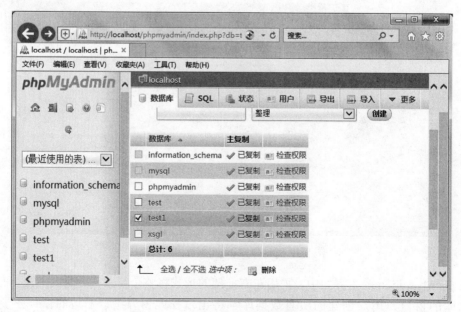

图 8-41　在 phpMyAdmin 中删除数据库

8.3.3　操作数据表

phpMyAdmin 可以在视图界面下方便地创建数据表，并对数据表进行修改或删除。在左侧选择好数据库，在右侧窗口中就可以方便地对数据库进行相应操作，非常适合初学者。

在数据库中创建数据表，并设置各字段名称及属性，如图 8-42 和图 8-43 所示。

图 8-42　创建数据表

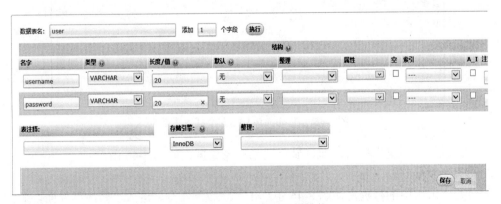

图 8-43　输入表字段及属性值

如果创建的表中需要修改字段名、字段属性设置，可以使用修改功能，如图 8-44 所示。

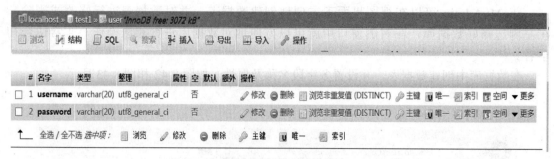

图 8-44　修改表结构

8.3.4　管理数据记录

创建好数据库、数据表后，就可以对数据进行操作了。

1. 插入数据

在主页面上单击上方的"插入"按钮，在页面中输入要插入的相关数据，单击"执行"按钮，即可插入数据到数据表中，如图 8-45 所示。

图 8-45　在 phpMyAdmin 中插入表数据

单击上方的"浏览"按钮，即可显示插入的表数据，如图 8-46 所示。

2. 修改数据

如果要修改表中的数据，在图 8-46 中单击"修改"命令，进入"修改"界面，如图 8-47 所示。修改相关的字段值后单击"执行"按钮，完成数据修改。

图 8-46　在 phpMyAdmin 中浏览表数据

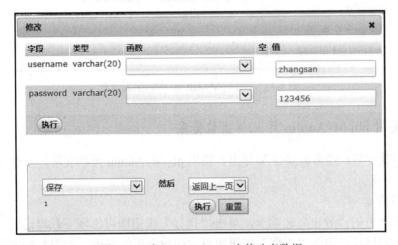

图 8-47　在 phpMyAdmin 中修改表数据

3．查询数据

单击页面上方的"SQL"选项卡，输入查询语句，单击"执行"按钮即可进行查询，如图 8-48 所示。

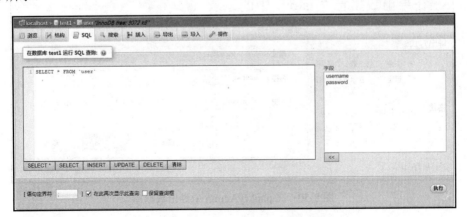

图 8-48　在 phpMyAdmin 中查询数据

4．删除数据

需要删除数据时，单击浏览界面中数据前方的"删除"按钮，出现提示语句，单击"确定"按钮即可删除数据，如图 8-49 所示。

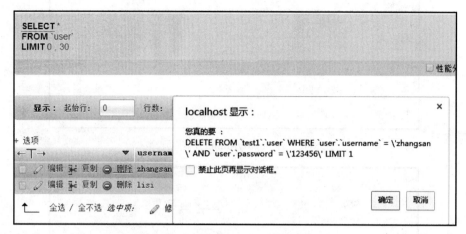

图 8-49　在 phpMyAdmin 中删除表数据

8.3.5　使用 phpMyAdmin 导入/导出数据库

数据库创建好后，经常需要导入/导出，使用 phpMyAdmin 可以非常方便地将数据库导入/导出。

1. 数据库导出

单击主页上方的"导出"选项卡，单击"执行"按钮即可出现下载对话框。输入导出文件的名字及下载路径，单击"下载"按钮即可实现数据库的导出，如图 8-50 所示。

图 8-50　在 phpMyAdmin 中导出数据库

2. 数据库导入

单击主页上方的"导入"选项卡，单击"选择文件"按钮，即可出现"打开"对话框。选择好要导入的 SQL 文件，单击"执行"按钮即可实现数据库的导入，如图 8-51 所示。

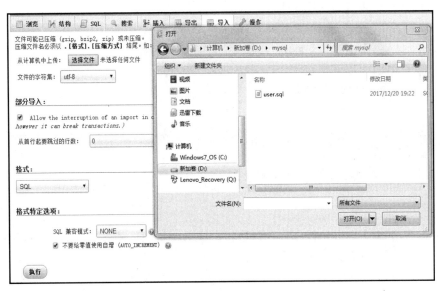

图 8-51　在 phpMyAdmin 中导入数据库

8.4　PHP 操作 MySQL 数据库

如果用户要将数据库与 Web 应用程序一起使用，必须首先连接该数据库。如果没有数据库连接，应用程序将不知道在何处找到数据库或如何与之连接。

8.4.1　PHP 操作 MySQL 数据库的步骤

一般包括以下几个步骤：
① 将 SQL 语句赋值给某个字符串变量；
② 执行 SQL 语句；
③ 如果是 SELECT 语句，则从游标当前位置读取一条记录的数据。

8.4.2　PHP 操作 MySQL 数据库的方法

从根本上来说，PHP 是通过预先写好的一系列函数来与 MySQL 数据库进行通信的。向数据库发送指令、接收返回数据等都是通过函数来完成的。

1. mysql_connect( )建立数据库连接

格式：

mysql_connect(server,user,pwd,newlink,clientflag)

功能：打开非持久的 MySQL 连接。

2. mysql_close( )关闭数据库连接

格式：

mysql_close(link_identifier)

功能：关闭非持久的 MySQL 连接。

3. mysql_select_db( )选择数据库

格式：

mysql_select_db(database,connection)

功能：设置活动的数据库。

4. mysql_query( )查询 MySQL

格式：

mysql_query(query,connection)

功能：执行一条 SQL 查询。

5. mysql_fetch_array( )获取和显示数据

格式：

mysql_fetch_array(data,array_type)

功能：从结果集中取得一行作为关联数组，或数字数组，或二者兼有。返回根据从结果集取得的行生成的数组，如果没有更多行，则返回 false。

【例 8-34】创建 insertxsxx.php 文件，实现将学生信息写入 XSGL 数据库中的 XSXX 表中。

代码如下：

```php
<?php
$xh="210005";
$xm="王林";
$xb="女";
$nl="20";
$csrq="1997/3/1";
$rxzf=380;
$sql="insert into xsxx values('$xh','$xm','$xb',$nl,'$csrq',$rxzf)";
$link=mysql_connect("localhost","root","root");
mysql_select_db("xsgl",$link);
if(mysql_query($sql))
echo "<script>alert('信息已保存！');</script>";
mysql_close($link);
?>
```

运行该文件后，在 MySQL 中查询 XSXX 表，结果如图 8-52 所示。

```
d:\wamp\mysql\bin\mysql.exe

mysql> select * from xsxx;
+--------+--------+------+------+------------+-------+
| xh     | xm     | xb   | nl   | csrq       | rxzf  |
+--------+--------+------+------+------------+-------+
| 210001 | 张三   | 男   |   19 | 1998-05-04 |   350 |
| 210002 | 李四   | 女   |   19 | 1998-03-02 |   325 |
| 210003 | 赵五   | 男   |   19 | 1998-07-18 |   410 |
| 210004 | 李小明 | 男   |   20 | 1997-12-01 |   330 |
| 210005 | 王林   | 女   |   20 | 1997-03-01 |   380 |
+--------+--------+------+------+------------+-------+
5 rows in set (0.00 sec)

mysql>
```

图 8-52　程序运行结果

【例 8-35】 编写 showxsxx.php 文件，以表格形式在网页中显示 XSXX 表中的内容。

代码如下：

```html
<html>
<head>
<meta http-equiv="Content-Type" content="text/html; charset=gb2312" />
<title>无标题文档</title>
</head>
<body>
<table width="500" border="1" align="center" >
    <tr><td>学号</td><td>姓名</td><td>性别</td><td>年龄</td><td>出生日期</td><td>入学总分</td></tr>
<?php
$link=mysql_connect("localhost","root","root");
mysql_select_db("xsgl",$link);
$resault=mysql_query("select * from xsxx");
while($row=mysql_fetch_array($resault))
{
?>
  <tr>
    <td><?php echo $row['xh'];?></td>
    <td><?php echo $row['xm'];?></td>
    <td><?php echo $row['xb'];?></td>
    <td><?php echo $row['nl'];?></td>
    <td><?php echo $row['csrq'];?></td>
    <td><?php echo $row['rxzf'];?></td>
  </tr>
<?php } ?>
</table>
</body>
</html>
```

运行结果如图 8-53 所示。

图 8-53　程序运行结果

小　　结

本章重点讲述了数据库基本原理、MySQL 数据库的设计和使用、phpMyAdmin 图形管理工具及 PHP 操作 MySQL 数据库的方法。通过对本章的学习，读者能够使用 MySQL 进行数据库和数据表的相关操作，并能够使用 PHP 中相关函数实现对数据库的操作。

习　　题

1. 数据库和数据表操作练习。

（1）创建数据库 student，在库中创建表 xs，内容包括姓名（xm）、性别（sex）、所在城市（city），类型自定。在 xs 表中增加一条新记录，内容为（张三，男，沈阳）。

（2）打开 XSGL 数据库，将 XSXX 表中"王林"的入学总分减少 5 分，姓名改为"王小林"。

（3）查询 XSXX 表中所有男生的信息。

（4）将 XSXX 表中入学总分低于 380 分的记录删除。

（5）统计 XSXX 表中入学平均分。

（6）将 XSXX 表中记录按学号降序显示。

2. 创建 deletexsxx.php 文件，实现将指定学号的学生信息从 XSXX 表中删除。

第9章
Form 表单

知识要点：

- 创建表单
- 获取表单提交的数据
- 获取超链接传递的数据
- 处理数据
- 了解 JavaScript 脚本

本章导读：

表单是 Web 编程中不可缺少的重要元素，一般作为收集用户提交的数据。表单程序的运作原理是：在客户端通过表单提交数据，将数据提交给 Web 服务器的脚本程序。在脚本程序中完成对数据的处理。

9.1　创建和编辑表单

Web 表单的功能是让浏览者和网站有一个互动的平台，主要用来在网页中发送数据到服务器。例如，提交注册信息时，当用户填写完信息后执行提交操作，将表单中的数据从客户端的浏览器传送到服务器端，经过服务器端 PHP 程序进行处理后，再将用户所需要的信息传递回客户端的浏览器上，从而获取用户信息，使 PHP 与 Web 表单实现交互。

9.1.1　创建表单

表单是使用<form></form>标签来创建并定义表单的开始和结束位置，中间包含多个元素，表单结构如下：

```
<form id="id" name="form_name" method="method" action="url" enctype="value" target="target_win">
        …插入的表单元素
</form>
```

<form>标记的属性见表 9-1。

表 9-1　<form>标记的属性

函数	描　　述
name	表单的名称
id	表单的 ID 号
method	该属性用于定义表单中数据的提交方式，可取值为 GET 和 POST 中的一个。GET 方法将表单内容附加在 URL 地址后面进行提交，所以对提交信息的长度进行了限制，不可以超过 8 192 个字符，同时 GET 方法不具有保密性，不适合处理如信用卡号等要求保密的内容，而且不能传送非 ASCII 的字符；POST 方法将用户在表单中填写的数据包含在表单的主体中，一起传送到服务器，不会再浏览器的地址栏中显示，这种方式传送的数据没有大小限制。默认为 GET 方法
action	该属性定义将表单中的数据提交到哪个文件中进行处理，这个地址可以是绝对 URL，也可以是相对的 URL。如果这个属性是空值则提交到当前文件
enctype	设置表单资料的编码格式
target	该属性和链接中的同名属性类似，用来指定目标窗口或目标帧

9.1.2　添加表单元素

表单（form）由表单元素组成。常用的表单元素有以下几种标记：输入域标签<input>、选择域标签<select>和<option>，文本域标签<textarea>等，下面分别进行介绍。

1. 输入域标签<input>

输入域标签<input>是表单中最常用的标记之一。常用的文本域、按钮、单选按钮、复选框等构成一个完整的表单。其语法格式如下：

```
<form>
<input type="type_name" name="field_name" id="ID" />
</form>
```

其中参数 name 是指输入域的名称，参数 type 是指输入域的类型，参数 id 是指输入域的 ID。在<input type="">标签中一共提供了 10 种类型的输入域，用户所选择使用的类型有 type 属性指定。type 属性取值见表 9-2。

表 9-2　type 属性取值

值	描　　述
button	定义可单击按钮（多数情况下，用于通过 JavaScript 启动脚本）
checkbox	定义复选框
file	定义输入字段和"浏览"按钮，供文件上传
hidden	定义隐藏的输入字段
image	定义图像形式的提交按钮

值	描　　述
password	定义密码字段。该字段中的字符被掩码
radio	定义单选按钮
reset	定义重置按钮。重置按钮会清除表单中的所有数据
submit	定义提交按钮。提交按钮会把表单数据发送到服务器
text	定义单行的输入字段，用户可在其中输入文本。默认宽度 20 个字符

2. 选择域标签<select>和<option>

通过选择域标签<select>和<option>可以建立一个列表或菜单。菜单节省空间，正常状态下只能看到一个选项，单击按钮打开菜单后才能看到全部的选项。列表可以显示一定数量的选项，如果超出了这个数量，会自动出现滚动条，浏览者可以通过拖动滚动条来查看各选项。其语法格式如下：

```
<select name="select_name" id="ID" size="value" multiple="multiple">
    <option value ="value" selected>选项 1</option>
    <option value ="value">选项 2</option>
    <option value ="value">选项 3</option>
</select>
```

其中参数 name 表示选择域的名称，参数 size 表示列表的行数，参数 value 表示菜单选项值，参数 multiple 表示以菜单方式显示数据，省略则以列表方式显示数据。

选择域标签<select>和<option>的显示方式见表 9-3。

表 9-3　选择域标签<select>和<option>的显示方式

显示方式	描　　述
列表方式	列表可以显示一定数量的选项，如果超出了这个数量，会自动出现滚动条，浏览者可以通过拖动滚动条来查看各选项
菜单方式	multiple 属性用于下拉列表<select>中，指定是否使用 shift 和 ctrl 键进行多选

3. 文本域标签<textarea>

文本域标签<textarea>用来制作多行的文本域，可以在其中输入更多的文本。其语法格式如下：

```
<textarea name="textarea_name" id="ID" cols="value" rows="value" wrap="value">
…文本内容
</textarea>
```

其中，参数 name 表示文本域的名称，rows 表示文本域的行数（字符为单位），cols 表示文本域的列数（字符为单位）。warp 用于设定显示和送出时的换行方式，值为 off 标识不自动换行；值为 hard 表示自动按 Enter 键换行，换行标记一同被发送到服务器，输出时也会换行；值为 soft 表示自动按 Enter 键换行，换行标记不会被发送到服务器，输出时仍然为一列。

【例 9-1】下面创建一个表单，表单元素包含文本域、单选按钮、复选框、下拉列表和提交按钮等，具体代码如下：

```html
<form id="form1" name="form1" method="post" action="">
  <table width="286" border="0" align="center">
    <tr>
      <td width="72"><span class="STYLE1">用户名：</span></td>
      <td width="204"><label>
        <input type="text" name="textfield" />
      </label></td>
    </tr>
    <tr>
      <td><span class="STYLE1">密码：</span></td>
      <td><label>
        <input type="password" name="textfield2" />
      </label></td>
    </tr>
    <tr>
      <td><span class="STYLE1">性别：</span></td>
      <td><label>
        <input name="radiobutton" type="radio" value="radiobutton" checked="checked" />
        <span class="STYLE1">男          </span>
        <input type="radio" name="radiobutton" value="radiobutton" />
      <span class="STYLE1">女</span></label></td>
    </tr>
    <tr>
     <td><span class="STYLE1">学历：</span></td>
     <td><label>
       <select name="select">
       <option>高中</option>
       <option>大专</option>
       <option>大本</option>
       <option>博士</option>
       </select>
     </label></td>
    </tr>
    <tr>
     <td><span class="STYLE1">爱好</span></td>
```

```
<td><label>
    <input type="checkbox" name="checkbox" value="checkbox" />
    <span class="STYLE1">打球</span>
<input type="checkbox" name="checkbox2" value="checkbox" />
<span class="STYLE1">看书</span>
<input type="checkbox" name="checkbox3" value="checkbox" />
<span class="STYLE1">听音乐</span></label></td>
</tr>
<tr>
    <td><span class="STYLE1">个人简介：</span></td>
    <td><label>
        <textarea name="textarea" rows="5"></textarea>
    </label></td>
</tr>
<tr>
    <td colspan="2" align="center"><label>
      <input type="submit" name="Submit" value="提交" />
    </label>
      <label>
      <input type="submit" name="Submit2" value="取消" />
      </label></td>
    </tr>
  </table>
</form>
```

上述表单创建的界面效果如图 9-1 所示。

图 9-1　表单创建的界面

9.1.3 定义表单数据提交方式

表单数据的提交方式有两种，即 POST 方法和 GET 方法。设置表单提交数据的方法非常简单，只需设置<form>表单中俄 method 属性值即可，如下所示：

```
<form id="form1" name="form1" method="post" action="">
或
<form id="form1" name="form1" method="get" action="">
```

这两种方法在 Web 页面的应用上有着本质的不同，下面分别对这两种方法进行介绍。

1. POST 方法

POST 方法不依赖于 URL，不会将传递的参数值显示在地址栏中。另外，POST 方法可以没有限制地传递数据到服务器，所有提交的信息在后台传输，用户在浏览器端是看不到这一过程的，安全性高。所以，POST 方法比较适合用于发送一个保密的（如银行卡号）或者大量的数据到服务器。

【**例 9-2**】下面使用 POST 方法提交表单信息到服务器，HTML 代码如下：

```
<form id="form1" name="form1" method="post" action="9.1.3.php">
    <table width="500" border="0" align="center" cellpadding="0" cellspacing="0">
        <tr>
            <td width="80" height="25">银行卡号</td>
            <td><label for="yhkh"></label>
            <input type="text" name="yhkh" id="yhkh" /></td>
        </tr>
        <tr>
            <td height="25"> </td>
            <td><input type="submit" name="tjBtn" id="tjBtn" value="提交" /></td>
        </tr>
    </table>
</form>
```

执行程序，输入卡号，单击"提交"按钮，运行结果如图 9-2 所示。

图 9-2　POST 方法提交表单信息

2. GET 方法

GET 方法是<form>表单中 method 属性的默认方法。是用 GET 方法提交的表单数据被附加到 URL 上，并作为 URL 的一部分发送到服务器端。在程序开发过程中，由于 GET 方法提交的数据是附加到 URL 上发送的，因此，在 URL 的地址栏中将会显示"URL+用户传递的参数"。

GET 方法的传参格式如下：

http://url?name1=value1&name2=value2...

其中，url 为表单响应地址（如 http://127.0.0.1/index.php），name1 为表单元素的名称，value1 为表单元素的值。url 和表单之间用"?"隔开，而多个表单元素之间用"&"隔开，每个表单元素的格式都是"name=value"，固定不变。而用 GET 方法传递数据是有限制的，URL 的长度应小于 1 MB 字符。

【例 9-3】将例 9-1 的 method 属性值改为 GET，执行程序，运行结果如图 9-3 所示。

> ⓘ localhost/mystudy/book/9.1.3.php?yhkh=6221682005000085440657&tjBtn=提交　ⓠ　☆

图 9-3　GET 方法提交表单信息

9.2　在 PHP 中接收和处理表单数据

获取表单提交数据有两种方法，分别为$_GET[]和$_POST[]，在实际程序开发过程中，使用哪种方法获取数据，在前面章节中已经做了介绍。如果 method 属性指定的是用 POST 方法进行数据传递，那么，在处理数据时，就应该使用$_POST[]全局变量获取表单数据。

$_GET[]方法获取
表单数据

9.2.1　$_GET[]方法获取表单数据

使用$_GET[]方法获取表单数据的格式如下：

$_GET["name"]

【例 9-4】创建一个表单，设置表单以 get 方式提交数据，在表单中加入一个文本框，设置 name 属性为 username，表单代码如下：

```html
<form id="form1" name="form1" method="post" action="9.2.1.php">
    <table width="500" border="0" align="center" cellpadding="0" cellspacing="0">
      <tr>
        <td width="80">用户名</td>
        <td><label for="username"></label>
        <input type="text" name="username" id="username" /></td>
    </tr>
      <tr>
        <td> </td>
        <td><input type="submit" name="tjBtn" id="tjBtn" value="提交" /></td>
      </tr>
      </table>
</form>
```

获取表单元素的页面 9.2.1.php 代码如下：

```php
<?php
$username=$_GET["username"] ; //定义变量 username 获取表单数据
```

```
echo    $username;    //显示已获取的数据
?>
```

执行程序，运行结果如图 9-4 所示。

← → C ① localhost/mystudy/book/9.2.1.php?username=admin&tjBtn=提交 ⊕ ☆

admin

图 9-4 $_GET[]方法获取表单数据执行结果

9.2.2 $_POST[]方法获取表单数据

使用$_POST[]方法获取表单数据的格式如下：

```
$_POST["name"]
```

【例 9-5】将例 9-4 中的表单设置为以 post 方式提交数据，其获取表单
元素的页面 9.2.1.php 代码如下：

$_POST[]方法获取
表单数据

```
<?php
$username=$_GET["username"] ; //定义变量 username 获取表单数据
$username=$_POST["username"];    //定义变量 username 接受表单数据
echou    $username;    //显示已获取的数据
?>
```

执行程序，运行结果如图 9-5 所示。

← → C ① localhost/mystudy/book/9.2.1.php ⊕ ☆

admin

图 9-5 $_POST[]方法获取表单数据执行结果

9.2.3   使用 JavaScript 验证表单的输入

JavaScript 脚本语言与其他语言一样，有其自身的基本数据类型、表
达式和运算符以及程序的基本框架结构。通过本节学习，读者可以掌握更
多 JavaScript 脚本语言的基础知识。

使用 JavaScript
验证表单的输入

1. JavaScript 简介

JavaScript 是世界上最流行的编程语言。这门语言可用于 HTML 和
Web，更可广泛用于服务器、PC、笔记本电脑、平板电脑和智能手机等设
备。JavaScript 是脚本语言，也是一种轻量级的编程语言。它可插入 HTML 页面的编程代码，
插入 HTML 页面后，可由所有的现代浏览器执行。

2. JavaScript 用法

HTML 中的脚本必须位于<script>与</script>标签之间，脚本可被放置在 HTML 页面的
<body>和<head>部分中。其语法格式如下：

```
<script type="text/javascript">
    ...javascript 代码
```

</script>

JavaScript 语法规则和语句书写方法在本章节不做详细讲述，请读者自行查看 JavaScript 手册。

3. JavaScript 数据类型

JavaScript 主要有 6 种数据类型，见表 9-4。

表 9-4　JavaScript 数据类型

数据类型	描 述
字符串型	使用单引号或双引号括起来的一个或多个字符
数据型	包括整数和浮点数
布尔型	布尔型常量只有两种状态，即 TRUE 或 FLASE
对象型	用于指定 JavaScript 程序中用到的对象
null 值	可以通过给一个变量赋 null 值来清除变量的内容
undefined	表示该变量尚未被赋值

4. JavaScript 变量

变量是用于存储信息的"容器"。就像代数那样 x=5、y=6、z=x+y 在代数中，使用字母（比如 x）来保存值（比如 5）。通过上面的表达式 z=x+y，能够计算出 z 的值为 11。在 JavaScript 中，这些字母被称为变量。

JavaScript 变量与代数一样，JavaScript 变量可用于存放值（比如 x=5）和表达式（比如 z=x+y）。变量可以使用短名称（比如 x 和 y），也可以使用描述性更好的名称（比如 age、sum、totalvolume），建议的变量命名规则描述如下：

① 变量必须以字母开头；

② 变量也能以 $ 和_ 符号开头（不过我们不推荐这么做）；

③ 变量名称对大小写敏感（y 和 Y 是不同的变量）。

5. JavaScript 表单验证

HTML 表单验证可以通过 JavaScript 来完成。下面以一个实例来看下 JavaScript 表单验证的使用办法。

【例 9-6】该实例用于判断表单字段(fname)值是否存在，如果存在，则弹出信息，否则阻止表单提交，其代码如下：

```
<script type="text/javascript">
    function validateForm( ) {
        var x = document.forms["myForm"]["fname"].value;//使用 Document 对象获取表单
内元素信息
        if (x == null || x == "") {//判断用户输入是否为空
            alert("需要输入名字。");//提示
            return false;
```

```
        }
    }
</script>
```

以上 JavaScript 代码可以通过 HTML 代码来调用。表单代码如下：

```
<form name="myForm" action="9.2.3.php" onsubmit="return validateForm( )" method="post">
名字：<input type="text" name="fname">
<input type="submit" value="提交">
</form>
```

执行程序，运行结果如图 9-6 所示。

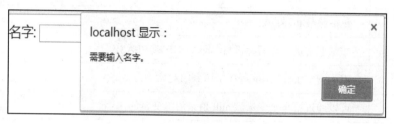

图 9-6　JavaScript 表单验证案例执行结果

9.3　文件上传

9.3.1　使用 POST 方法上传文件

在 Web 开发中经常会遇到从客户端上传文件到服务器端的问题。通常，文件上传使用的是 HTTP 的 POST 方式，使用 POST 方式传递文件到服务器端。要完成文件上传处理，首先要定义 HTML 表单的 enctype 属性为"multipart/ form-data"，代码如下：

使用 POST 方法
上传文件

```
<form enctype="multipart/form-data" method="post" action="url">
```

只有这样的表单，才能确保文件可以提交并上传。其中，url 要替换为一个可以处理文件上传的真实 PHP 文件。

【例 9-7】　创建一个支持文件上传的表单，该表单将一个文件提交至相应的 PHP 文件中进行处理，处理操作稍后在例 9-8 中完成。创建的支持文件上传的表单代码如下：

```
<!-- 表单的 enctype 属性必须指定为 multipart/form-data -->
<form enctype="multipart/form-data" method="post" action="9.3.1_1.php">
    <label for="uploadfile">请选择上传文件</label>
    <!-- input 的 type 属性指定为 file,name 属性值将会在文件上传的处理文件中使用 -->
    <input type="file" name="uploadfile" id="uploadfile" />
    <input type="submit" name="tjBtn" id="tjBtn" value="提交" />
</form>
```

运行结果如图 9-7 所示。

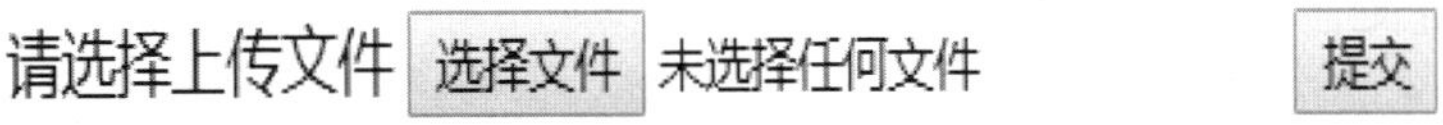

请选择上传文件 选择文件 未选择任何文件　　　　提交

图 9-7　一个支持文件上传的表单界面

在 PHP 程序中使用全局变量$_FILES 处理文件上传，$_FILES 是一个数组，包含了要上传的文件的信息。下面以上述 HTML 表单为例，介绍$_FILES 数组的内容。

① $_FILES["uploadfile"]["name"]表示上传文件的名称。

② $_FILES["uploadfile"]["type"]表示上传文件的类型，例如"image/gif"。

③ $_FILES["uploadfile"]["size"]表示上传文件的大小，单位为字节。

④ $_FILES["uploadfile"]["tmp_name"]表示文件上传后，在服务器端存储的临时文件名。

⑤ $_FILES["uploadfile"]["error"]表示和文件上传的相关错误信息。

文件提交后，一般会被存储到服务器的默认临时目录中，可以通过修改 php.ini 中的 upload_tmp_dir 项，修改为其他路径。使用函数 move_uploaded_file( )将上传的文件移动到指定的目录下。该函数的原型如下：

move_uploaded_file(filename,destination)

第 1 个参数 filename 指合法的上传文件，第 2 个参数 destination 是移动后的目标文件。如果上传的文件不合法，或由于某种原因无法移动文件，该函数会返回 FALSE。

【例 9-8】　处理从例 9-7 表单中提交的文件上传信息 PHP 程序，其代码如下：

```php
<?php
//将文件移至服务器的根目录的 upload 目录下，upload 目录必须事先创建
$upload_path=$_SERVER["DOCUMENT_ROOt"]."/upload/";
$dest_file=$upload_path.basename($_FILES["uploadfile"]["name"]);
//将临时文件移到目标文件夹
if(move_uploaded_file($_FILES["uploadfile"]["tmp_name"],$dest_file)){
    echo   "文件已上传";
}else{
    echo   "文件上传发生错误："".$_FILES["uploadfile"]["error"];
}
?>
```

以上程序在执行的情况下，如果选择一个要上传的文件，单价提交按钮，如果上传成功，会显示成功信息，如图 9-8 所示。

文件已上传

转到服务器根目录下的 upload 文件夹中，将会看到刚刚上传的　图 9-8　文件上传成功提示
文件，如图 9-9 所示。

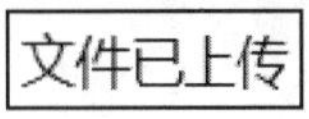

名称	修改日期	类型
📄 1.pdf	2017/11/15 10:42	PDF Documer

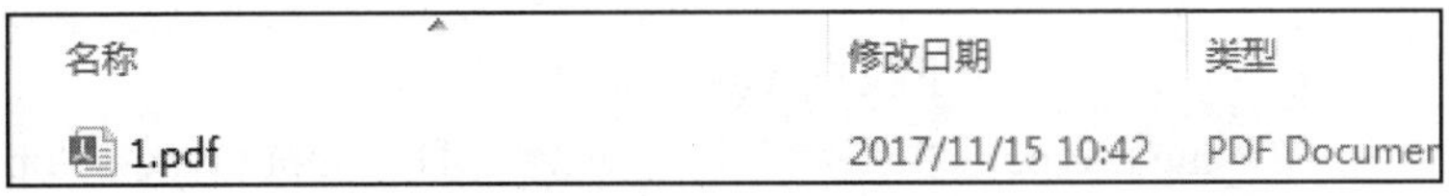

图 9-9　已上传服务器的文件

9.3.2 配置文件上传

配置文件上传

在 php.ini 中如果不对 post_max_size,upload_max_filesize 这些参数进行修改，默认最多只能上传 2MB 的文件了，如果几十 MB 或更大的就无法上传了，下面介绍修改 PHP 配置文件上传大文件的方法（以 windows+apache+php 环境下的配置方法为例）。

在 apache 最常见的 PHP 上传文件大小限制是通过 php.ini 配置文件定义的，通过修改以下三个字段的值，重新启用服务器端程序（如 apache），便可成功修改 PHP 上传文件的大小限制：

① upload_max_filesize = 8M；

② post_max_size = 10M；

③ memory_limit = 20M。

具体配置如下：

① 在 php.ini 里查找如下代码：max_execution_time，默认是 30 秒，改为如下代码：max_execution_time = 0，0 表示没有限制，以上修改的是 PHP 上传文件中脚本执行超时时间。

② 修改 post_max_size 设定 POST 数据所允许的最大大小，此设定也影响到 PHP 上传文件。

PHP 默认的 post_max_size 为 2M。如果 POST 数据尺寸大于 post_max_size，$_POST 和 $_FILES 便会为空，查找 post_max_size 改为如下代码：post_max_size = 150M。

③ 当做完了第②步，但 PHP 上传文件时最大仍然为 8M 时，就需要再改一个参数 upload_max_filesiz，它表示所上传的文件的最大大小，查找 upload_max_filesize，默认为 8M 改为如下代码：upload_max_filesize = 100M。

另外要说明的是，在 PHP 文件上传中，post_max_size 大于 upload_max_filesize 为佳。

小　　结

本章主要介绍了 PHP 进行 Web 编程的基础知识和基本技能。包括用 PHP 获取 HTML 表单数据、用 PHP 处理表单数据、用 PHP 验证数据和使用 PHP 处理文件的上传。并通过简单的随堂案例，帮助读者加强对这些基本技能的实践和掌握。

习　　题

一、选择题

1. 下列表示表单控件元素中的下拉框元素的是（　　　）。

A. <select>　　　B. <input type = "list">　　　C. <list>　　　D. <input type = "options">

2. 下列表示不正确的是（　　　）。

A. 单行文本框和多行文本框都是用相同的 HTML 标签创建的

B. 列表框和下拉列表框都是用相同的 HTML 标签创建的

C. 单行文本框和密码框都是用相同的 HTML 标签创建的

D. 使用图像按钮<input type ="image">也能提交表单

3. 下列方法可以获得网页中的一个 HTML 元素对象的是（　　　）。

A. document.getElementByid("元素 id 名")

B. document.getElementName("元素名")

C. document.getElementByTagName("标记名")

D. 以上都可以

二、填空题

1. 浏览 www 使用的是_____协议。

2. 文件上传使用的是 HTTP 的_____方式传递文件到服务器端。

第 10 章

综合案例——商城购物系统

 知识要点：

- 商城购物系统功能结构
- 数据库设计
- 功能设计

 本章导读：

本章运用前面所学的知识来制作一个商城购物系统。在本章中，将向读者介绍如何使用 PHP、MySQL 数据库和 Apache 服务器来开发一个商城购物网站。通过本章的学习，读者将对 PHP、MySQL 和 Apache 的知识有全新的认识。

10.1　商城购物系统规划

随着 Internet 的迅速普及，其巨大的影响力、开放的结构、低廉的成本等诸多优势日益显现，Web 网站无可争议地成为企业开展电子商务的最佳平台，而商城购物网站在企业的电子商务体系中有着重要的地位，网站设计的好坏、网站推广的成败，直接关系到企业实施电子商务能否成功。因此，网站是企业迈向电子商务的最重要的环节。

10.1.1　商城购物系统功能结构

在制作系统之前，首先需要分析系统所要实现的功能，以明确制作目的。只有目的明确，才能有的放矢，使接下来的工作事半功倍。作为一个网上商城，面对的是用户。所以必不可少地就要有一个用户注册与登录系统。这是构建用户系统的前提。用户有管理员（后台）与普通用户（前台）之分。

① 前台部分由用户使用，主要包括用户登录、商品浏览、我的购物车管理、用户中心管理等。

② 后台部分由管理员使用，主要包括管理员身份验证、商品管理、订单管理、用户管理、信息管理。

具体功能结构如图 10-1 所示。

商城购物系统的操作流程主要分为购买流程（图 10-2）和管理流程（图 10-3）。购买流程是注册用户对商品进行浏览、加入购物车、下达订单等操作，管理流程是管理员执行用户信息管理、商品信息管理、订单处理、系统设置等操作。

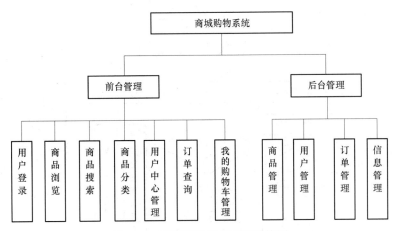

图 10-1 商城购物系统功能结构图

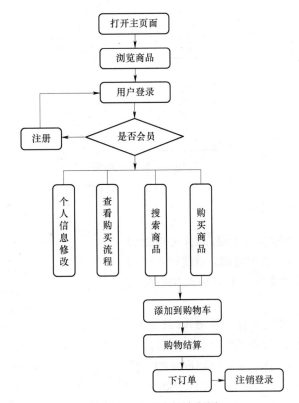

图 10-2 购买商品流程图

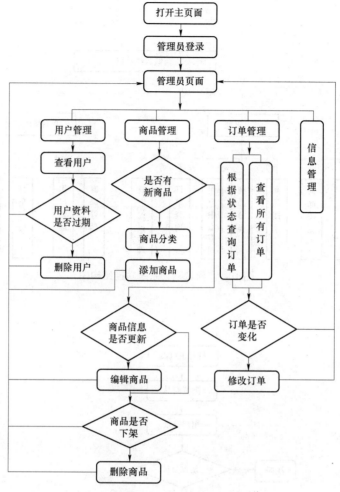

图 10- 3　管理流程图

10.1.2　系统目录结构

系统目录结构的规划非常重要，这样可以更加方便管理程序，体现出清晰的思路。通过对系统结构的分析，可以按照功能模块来划分系统目录结构，如图 10-4 所示。

由图可以看出，系统文件保存在 shop 目录中。admin 目录主要保存后台管理的程序，下面有四个目录文件：conn 目录用于存储后台数据库的连接文件；css 目录用于存储网站前台使用的 CSS 样式表；images 目录用于存储网站后台页面使用的图片文件；upimages 目录用于存储网站后台页面使用的上传图片文件。

shop 目录下，css 目录用于存储前台使用的

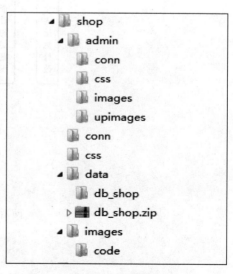

图 10-4　目录结构

CSS 样式表；data 目录用于存储数据库文件；conn 目录用于存储前台数据库连接文件；images 目录用于存储网站前台页面使用的图片文件。

10.2 数据库设计

10.2.1 创建数据库

好的数据库设计对项目功能的实现起着至关重要的作用，所以，根据系统的项目需求，在 MySQL 数据库系统中建立一个名为 db_shop 的数据库。

10.2.2 设计数据库表结构

数据表设计的成功与否直接影响到程序的执行效率。本节完成对数据库表结构的设计。在整个系统中，要实现系统分析所要求的功能，共需要 9 个信息表：管理员信息表、用户信息表、订单信息表、商品信息表、商品类型信息表、商品评价信息表、公告信息表、用户留言信息表和友情链接信息表。数据表结构如下：

1. 管理员信息表 tb_admin

tb_admin 表主要用于存储管理员的信息，表结构见表 10-1。

表 10-1 tb_admin 表结构

字段名	类型	是否 NULL	附加属性	含义
id	int(4)	否	auto_increment	自动编号 id
name	varchar(13)	是		管理员名
pwd	varchar(50)	是		管理员密码

2. 用户信息表 tb_user

tb_user 表主要存储用户的基础信息，表结构见表 10-2。

表 10-2 tb_user 表结构

字段名	类型	是否 NULL	附加属性	含义
id	int(4)	否	auto_increment	自动编号
name	varchar(250)	是		用户名
pwd	varchar(50)	是		用户密码
dongjie	int(4)	是		标记用户是否被冻结
email	varchar(25)	是		用户 E-mail 地址
sfzh	varchar(25)	是		用户身份证号码
tel	varchar(25)	是		电话号码
tishi	varchar(20)	是		密码找回提示

续表

字段名	类型	是否 NULL	附加属性	含义
huida	varchar(50)	是		密码找回答案
dizhi	varchar(100)	是		用户联系地址
youbian	varchar(25)	是		用户邮编
regtime	varchar(25)	是		用户注册时间
truename	varchar(25)	是		用户真实姓名
pwd1	varchar(25)	是		未加密的用户密码
qq	varchar(25)	是		QQ 号码

3. 订单信息表 tb_dingdan

tb_dingdan 表主要用于存储用户的订单信息，表结构见表 10-3。

表 10-3　tb_dingdan 表结构

字段名	类型	是否 NULL	附加属性	含义
id	int(4)	否	auto_increment	自动编号 id
dingdanhao	varchar(105)	否		订单号
spc	varchar(105)	是		商品串
slc	varchar(105)	是		数量串
shouhuoren	varchar(25)	是		收货人姓名
sex	varchar(2)	是		收件人性别
dizhi	varchar(105)	是		送货地址
youbian	varchar(10)	是		邮编
tel	varchar(25)	是		联系电话
email	varchar(25)	是		E-mail
shff	varchar(25)	是		收货方式
zfff	varchar(25)	是		支付方式
leaveword	mediumtext	是		用户留言
time	varchar(25)	是		下单时间
xiadanren	varchar(25)	是		下单人姓名
zt	varchar(50)	是		订单状态
total	varchar(25)	是		价格总计

4. 商品信息表 tb_shangpin

tb_shangpin 表主要存储商品的基本信息，表结构见表 10-4。

表 10-4　**tb_shangpin** 表结构

字段名	类型	是否 NULL	附加属性	含义
id	int(4)	否	auto_increment	自动编号 id
mingcheng	varchar(25)	是		商品名称
jianjie	mediumtext	是		商品价格
addtime	varchar(25)	是		入市时间
dengji	varchar(5)	是		商品等级
xinghao	varchar(25)	是		商品型号
tupian	varchar(200)	是		图片路径
shuliang	int(4)	是		商品数量
cishu	int(4)	是		购买次数
tuijian	int(4)	是		是否推荐
typeid	int(4)	是		类型 id
huiyuanjia	varchar(25)	是		会员价
shichangjia	varchar(25)	是		市场价
pinpai	varchar(25)	是		商品品牌

5. 商品类型信息表 tb_type

tb_type 表主要存储品类丰富的商品的基本信息，表结构见表 10-5。

表 10-5　**tb_type** 表结构

字段名	类型	是否 NULL	附加属性	含义
id	int(4)	否	auto_increment	自动编号 id
typenaem	varchar(16)	是		商品类型名

6. 商品评价信息表 tb_pingjia

tb_pingjia 表主要用于存储关于商品评价的相关信息，表结构见表 10-6。

表 10-6　**tb_pingjia** 表结构

字段名	类型	是否 NULL	附加属性	含义
id	int(4)	否	auto_increment	自动编号 id
userid	int(4)	是		用户 id
spid	int(4)	是		商品 id

续表

字段名	类型	是否 NULL	附加属性	含义
title	varchar(66)	是		评价主题
contont	text	是		评价内容
time	varchar(26)	是		评价时间

7. 公告信息表 tb_gonggao

tb_gonggao 主要用于保存公告信息，表结构见表 10-7。

表 10-7 tb_gonggao 表结构

字段名	类型	是否 NULL	附加属性	含义
id	int(4)	否	auto_increment	自动编号 id
title	varchar(66)	是		公告主题
contont	text	是		公告内容
time	varchar(16)	是		公告时间

8. 用户留言信息表 tb_leaveword

tb_leaveword 主要用于存储用户留言的相关信息，表结构见表 10-8。

表 10-8 tb_leaveword 表结构

字段名	类型	是否 NULL	附加属性	含义
id	int(4)	否	auto_increment	自动编号 id
useid	int(4)			用户 id
title	varchar(66)	是		留言主题
contont	text	是		留言内容
time	varchar(16)	是		留言时间

9. 友情链接信息表 tb_links

tb_links 主要用于存储用户留言的相关信息，表结构见表 10-9。

表 10-9 tb_links 表结构

字段名	类型	是否 NULL	附加属性	含义
id	int(4)	否	auto_increment	自动编号 id
linkname	varchar(50)			链接名称
Linkur1	varchar(100)	是		链接地址

10.3　商城购物系统前台管理页面

10.3.1　前台总框架

网站前台部分主要提供给用户使用，是系统对外的窗口。主要包括用户注册、登录、商品浏览、购物车管理、个人账户管理等几个部分。

1. 模块功能介绍

用户管理：注册新用户、登录、修改用户个人资料。

商品浏览：在商品的显示介绍页面，可以收藏商品或者将商品加入购物车。

购物车：修改购物车、删除商品下订单。

订单模块：查询个人订单列表、查询某笔订单的详细信息。

个人账户：订单查询，对收藏夹、地址进行管理。

2. 前台文件构架

前台文件构架如图 10-5 所示。

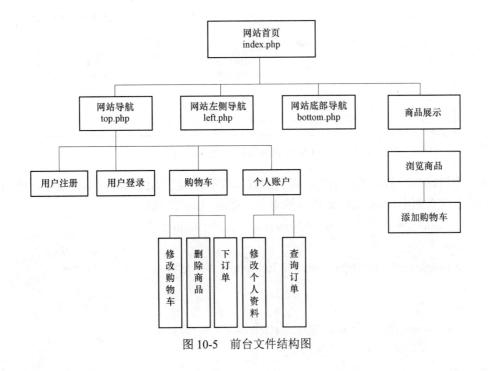

图 10-5　前台文件结构图

10.3.2　主页面

在初次登录本系统时，会看到一个主页面，其中主要包括页面上方的首导航条、页面下方的尾导航条、页面左侧的功能模板和右侧的商品浏览，如图 10-6 所示。

图 10-6　商城购物系统前台界面

在一个网站中，前台主页面被访问的次数比较多、为了加快页面的运行速度，提高访问量，在前台主页面中使用 include 包含的主要功能语句，代码如下：

```
<table width="766" border="0" cellspacing="0" cellpadding="0">
  <tr>
    <td colspan="2"><?php   include("top.php");?></td>
  </tr>
  <tr>
    <td width="209"><?php   include("left.php");?> </td>
    <!--商品展示模块的代码部分-->
    <td>
    …        //商品展示模块代码部分略
    </td>
  </tr>
  <tr>
    <td colspan="2"><?php   include("bottom.php"); ?></td>
```

```
    </tr>
  </table>
```

10.3.3 商品显示页面

用户在商品显示页面对具体商品进行详细了解，并对商品进行购买。已注册的会员还可以对商品进行咨询或者评论等。在网站功能导航栏中单击"商品分类"链接，系统会自动检索出所有的商品分类超链接，单击"家居日用"，将显示出该类别下的所有商品信息，如图 10-7 所示。

图 10-7 商品显示页面

图中显示用户选择商品的详细信息，在该页面同时可以将该商品放入购物车中。当单击"购买"按钮时，即将表单中的数据交递到 gouwu2.php 文件处理。显示商品信息的代码文件名为 lookinfo.php。主要代码如下：

```
<td width="89" height="80" rowspan="4" align="center" valign="middle" bgcolor="#FFFFFF">
<div align="center">
  <?php
            if($info->tupian==""){
                echo "暂无图片";
            }
            else
            {
        ?>
      <a href="<?php echo $info->tupian;?>" target="_blank"><img src="<?php echo
$info->tupian;?>" alt="查看大图" width="80" height="80" border="0"></a>
      <?php
```

```
                }
            ?>
    </div></td>
    <td width="92" height="20" align="left" bgcolor="#FFFFFF"><div align="center">商品名
称：</div></td>
    <td width="134" bgcolor="#FFFFFF"><div align="left"> <?php echo
$info->mingcheng;?></div></td>
    <td width="100" bgcolor="#FFFFFF"><div align="center">入市时间：</div></td>
    <td width="109" bgcolor="#FFFFFF"><div align="left"> <?php echo
$info->addtime;?></div></td>
            </tr>
            <tr>
    <td height="20" align="left" bgcolor="#FFFFFF"><div align="center">会员价：</div></td>
    <td width="134" bgcolor="#FFFFFF"><div align="left"> <?php echo
$info->huiyuanjia;?></div></td>
    <td width="100" bgcolor="#FFFFFF"><div align="center">市场价：</div></td>
    <td width="109" bgcolor="#FFFFFF"><div align="left"> <?php echo
$info->shichangjia;?></div></td>
            </tr>
            <tr>
    <td height="20" align="left" bgcolor="#FFFFFF"><div align="center">等级：</div></td>
    <td width="134" bgcolor="#FFFFFF"><div align="left"> <?php echo
$info->dengji;?></div></td>
    <td width="100" bgcolor="#FFFFFF"><div align="center">品牌：</div></td>
    <td width="109" bgcolor="#FFFFFF"><div align="left"> <?php echo
$info->pinpai;?></div></td>
            </tr>
            <tr>
    <td height="20" align="left" bgcolor="#FFFFFF"><div align="center">型号：</div></td>
    <td width="134" bgcolor="#FFFFFF"><div align="left"> <?php echo
$info->xinghao;?></div></td>
    <td width="100" bgcolor="#FFFFFF"><div align="center">数量：</div></td>
    <td width="109" bgcolor="#FFFFFF"><div align="left"> <?php echo
$info->shuliang;?></div></td>
            </tr>
            <tr>
    <td width="89" height="69" bgcolor="#FFFFFF"><div align="center">商品简介：</div>
</td>
    <td height="69" colspan="4" bgcolor="#FFFFFF" valign="top"><div align="left"><br>
```

```
    <?php echo $info->jianjie;?></div></td>
            </tr>
        </table></td>
    </tr>
</table>
<table width="530" height="20" border="0" align="center" cellpadding="0" cellspacing="0">
    <tr>
<td><div align="right"><a href="addgouwuche.php?id=<?php echo $info->id;?>">放入购物车
</a>  </div></td>
    </tr>
</table>
```

10.3.4 购物车页面

用户在浏览商品时，如果想购买商品，可以单击"收藏"按钮把商品加入收藏夹；也可以单击"购买"按钮，把商品放入购物车，此时页面便自动跳转到购物车列表，如图 10-8 所示。

图 10-8 商品显示页面

查看购物车页面的主要代码如下：

```php
<?php
header ( "Content-type: text/html; charset=gb2310" ); //设置文件编码格式
 session_start();
 if(!isset($_SESSION['username'])){
    echo "<script>alert('请先登录，后购物!');history.back();</script>";
    exit;   }
?>
<?php
 include("top.php");
?>
```

```
<table width="766" height="438" border="0" align="center" cellpadding="0" cellspacing="0">
  <tr>
    <td width="229" height="438" valign="top" bgcolor="#F4F4F4"><?php
include("left.php");?></td>
    <td width="561" align="center" valign="top" bgcolor="#FFFFFF"><table width="550"
height="10" border="0" align="center" cellpadding="0" cellspacing="0">
    </table>
      <table width="557" border="0" align="center" cellpadding="0" cellspacing="0">
        <form name="form1" method="post" action="gouwu1.php">
          <tr>
            <td height="46" background="images/cart.gif"></td>    </tr>
          <tr>
    <td   bgcolor="#FFFFFF"><table width="500" border="0" align="center" cellpadding="0"
cellspacing="1">
                <?php
                //session_register("total");
                if(isset($_GET['qk']) && $_GET['qk']=="yes"){
                    $_SESSION['producelist']="";
                    $_SESSION['quatity']="";                    }
$arraygwc=explode("@",isset($_SESSION['producelist'])?$_SESSION['producelist']:"");
                $s=0;
                for($i=0;$i<count($arraygwc);$i++){
                    $s+=intval($arraygwc[$i]);                    }
                if($s==0 ){
    echo "<tr>";
    echo" <td height='25' colspan='6' bgcolor='#FFFFFF' align='center'>您的购物车为空!</td>";
                echo"</tr>";                    }
                else{
              ?>
                    <tr>
<td width="105" height="25" bgcolor="#FFFFFF"><div align="center">商品名称</div></td>
<td width="52" bgcolor="#FFFFFF"><div align="center">数量</div></td>
  <td width="64" bgcolor="#FFFFFF"><div align="center">市场价</div></td>
  <td width="64" bgcolor="#FFFFFF"><div align="center">会员价</div></td>
  <td width="51" bgcolor="#FFFFFF"><div align="center">折扣</div></td>
  <td width="66" bgcolor="#FFFFFF"><div align="center">小计</div></td>
  <td width="71" bgcolor="#FFFFFF"><div align="center">操作</div></td>
                </tr>
                <?php
```

```php
$total=0;
$array=explode("@",$_SESSION['producelist']);
$arrayquatity=explode("@",$_SESSION['quatity']);
    while(list($name,$value)=each($_POST)){
        for($i=0;$i<count($array)-1;$i++){
            if(($array[$i])==$name){
                $arrayquatity[$i]=$value;
            }
        }
    }
    $_SESSION['quatity']=implode("@",$arrayquatity);
  for($i=0;$i<count($array)-1;$i++){
        $id=$array[$i];
        $num=$arrayquatity[$i];
    if($id!=""){
        $sql=mysqli_query($conn,"select * from tb_shangpin where id='".$id."'");
        $info=mysqli_fetch_array($sql);
        $total1=$num*$info['huiyuanjia'];
        $total+=$total1;
        $_SESSION["total"]=$total;
    ?>  <tr>
```
```html
  <td height="25" bgcolor="#FFFFFF"><div align="center"><?php echo </div></td>
 <td height="25" bgcolor="#FFFFFF"><div align="center">
  <input type="text" name="<?php echo $info['id'];?>" size="2" class="inputcss" value=<?php
echo $num;?>>
    </div></td>
    <td height="25" bgcolor="#FFFFFF"><div align="center"><?php echo $info['shichangjia'];?>元
</div></td>
<td height="25" bgcolor="#FFFFFF"><div align="center"><?php echo $info['huiyuanjia'];?>元
</div></td>
<td height="25" bgcolor="#FFFFFF"><div align="center"><?php echo
@(ceil(($info['huiyuanjia']/$info['shichangjia'])*100))."%";?></div></td>
<td height="25" bgcolor="#FFFFFF"><div align="center"><?php echo $info['huiyuanjia']*$num."
元";?></div></td>
  <td height="25" bgcolor="#FFFFFF"><div align="center"><a href="removegwc.php?id=<?php
echo $info['id']?>">移除</a></div></td>    </tr>
                <?php
                  }
                }
```

```
                    ?>
                          <tr>
<td height="25" colspan="8" bgcolor="#FFFFFF"><div align="right">
<table width="500" height="25" border="0" align="center" cellpadding="0" cellspacing="0">
                               <tr>
   <td width="105"><div align="center">
<input name="submit2" type="submit" class="buttoncss" value="更改商品数量">
                          </div></td>
<td width="105"><div align="center"><a href="gouwu2.php">去收银台</a></div></td>
<td width="105"><div align="center"><a href="gouwu1.php?qk=yes">清空购物车
</a></div></td>
     <td width="105"><div align="left">总计：<?php echo $total;?></div></td>
                      </tr>     </table>
                   </div></td>      </tr>
                 <?php       }
             ?>
             </table></td>
          </tr>
        </form>
   </table></td>   </tr> </table>
<?php
 include("bottom.php");
?>
```

10.4 商城购物后台管理页面

10.4.1 后台总体框架

后台是前台功能实现的基础，只能由管理员进行使用与维护。主要包括用户管理模块、商品管理模块、订单管理模块、信息管理模块组成。后台功能介绍：

（1）功能模块介绍

用户管理模块：为合法用户提供一个后台入口，并查询所有注册用户，对一些非法或失信用户进行删除操作。

订单管理模块：网站管理者对用户订单的执行和编辑状态。

商品管理模块：增加商品的品牌或商品的种类；向商品表插入前台首页展示的商品信息。

信息管理模块：管理员向前台首页添加公告信息、评论信息。

（2）后台文件结构

后台文件结构如图 10-9 所示。

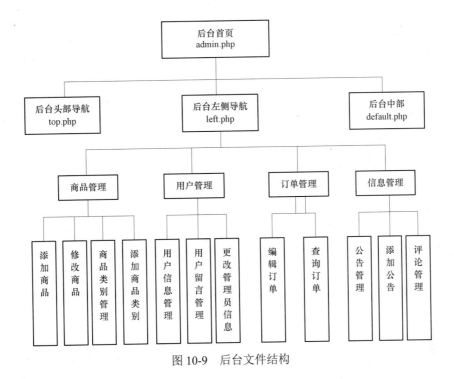

图 10-9 后台文件结构

10.4.2 后台首页面

管理员是一个网站的核心人员，系统的后台全部是由管理员来负责处理。例如，添加商品类型、添加商品和订单处理等。后台主页面是一个框架，将管理员的每个功能都包含在其中，界面如图 10-10 所示。

图 10-10 后台首页界面

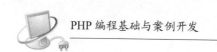

default.php 文件的左部分是网站导航,当管理员单击某个功能时,就会响应某个功能的事件。该页面中使用浮动框架来规划页面布局。浮动框架的作用是把浏览器窗口划分成若干个区域,每个区域内可以显示不同的页面,并且各个页面之间不会受到任何影响;为框架内每个页面命名,作为彼此互动的依据。

```
<td><table width="1003" border="0" align="center" cellpadding="0" cellspacing="0">
    <tr>
      <td height="90" bgcolor="#FFFFFF"><div align="center">
        <IFRAME frameBorder=0 id=top name=top scrolling=no src="top.php"
style="HEIGHT: 90px; VISIBILITY: inherit; WIDTH: 1003px; Z-INDEX: 3"> </IFRAME>
//网站 Banner 浮动框架代码
      </div></td>
    </tr>
  </table>
  <table width="1003" height="620" border="0" align="center" cellpadding="0"
cellspacing="0">
      <tr>
        <td width="210" height="220" valign="top" bgcolor="#FFCF60" id="lt"
style="display:"><div align="center">
          <IFRAME frameBorder=0 id=left name=left src="left.php"
style="HEIGHT: 100%; VISIBILITY: inherit; WIDTH: 210px; Z-INDEX: 2">
</IFRAME>   //导航浮动框架代码
        </div></td>
        <td width="13" height="584" background="images/bg_line.gif"><div
align="center"></div></td>
        <td width="778" bgcolor="#FFFFFF" id="mn"><div align="center">
          <IFRAME frameBorder=0 id=main name=main scrolling=yes src="lookdd.php"
style="HEIGHT: 100%; VISIBILITY: inherit; WIDTH: 778px; Z-INDEX: 1">
</IFRAME>    //内容浮动框架代码
        </div></td>
      </tr>
    </table></td>
```

10.4.3 商品管理页面

商品管理是糊涂管理的重要模块,包括商品分类管理及商品的添加、删除、查看和编辑。

人们在商城中见到的每一类产品都会集中到一个区域去销售,而在网上购物也是同样的道理,应当将所有的商品进行分类,这样当用户寻找自己所需要的商品时,就知道去哪里寻找了。

首先应将商品大致分为几类，然后再进行细致的分类。商品的分类管理的界面包括大类型和小类型产品的分类管理，如图 10-11 所示。

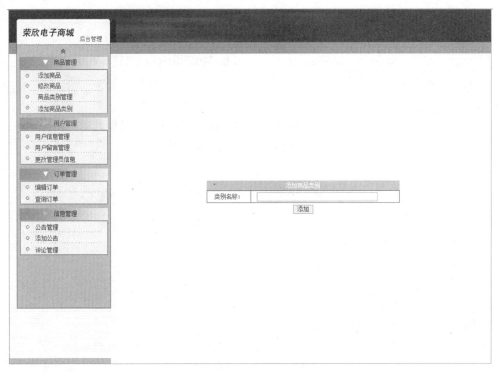

图 10-11　添加商品类别界面

　　商品类别的添加功能主要在 addleibie.php 文件中完成：

```
<script language="javascript">
 function chkinput(form)
 {
   if(form.leibie.value=="")
   {
     alert('请输入新增商品类别名!');
     form.leibie.select();
     return(false);       }
   return(true);
 }
</script>
<body leftmargin="0" bottommargin="0" topmargin="0">
<br>
<table width="400" border="0" align="center" cellpadding="0" cellspacing="0">
 <form name="form1" method="post" action="saveaddleibie.php" onSubmit="return
chkinput(this);">
```

```
<tr>
    <td height="20" bgcolor="#FFCF60"><div align="center" class="style1">添加商品类别
</div></td>
  </tr>
  <tr>
    <td height="25" bgcolor="#666666"><table width="400" height="25" border="0"
cellpadding="0" cellspacing="1">
        <tr>
          <td width="90" bgcolor="#FFFFFF"><div align="center">类别名称：</div></td>
          <td width="307" bgcolor="#FFFFFF"><div align="left">
             
            <input type="text" name="leibie" class="inputcss" size="40">
          </div></td>
        </tr>
    </table></td>
  </tr>
  <tr>
    <td height="25"><div align="center">
        <input name="submit" type="submit" class="buttoncss" id="submit" value="添加">
    </div></td>
  </tr>
</form>
```

商品类别添加完毕，就要添加商品信息，此功能主要在 addgoods.php 文件中完成，主要核心代码请参照源程序代码。

10.4.4　订单管理页面

当用户提交了商品订单信息之后，管理员就需要对订单进行处理，这样用户才能在最短的时间内和网站达成购物协议，并收到所购买的商品。

管理订单信息如同管理商品信息，同样需要一个能够查看所有订单的界面。在该页面，单击"执行"按钮，应用 JavaScript 脚本中的 Window 对象的 location 方法跳转到 roderadd.php 页面，主要代码如下：

```
<input name="button2" type="button" class="buttoncss" id="button2" onClick="javascript:
window.location='orderdd.php?id=<?php echo $info1['id'];?>';" value="执行">
```

执行订单是为了改变订单的当前状态，从而使管理员能够及时、有效地处理每个用户的订单，并记录当前订单的处理状态，如图 10-12 所示。

图 10-12　执行订单页面

执行客户订单信息的主要代码如下：

```php
<?php
    $array=explode("@",$info['spc']);
    $arraysl=explode("@",$info['slc']);
    $total=0;
    for($i=0;$i<count($array)-1;$i++)
    {
        if($array[$i]!="")
        {
        $sql1=mysqli_query($conn,"select * from tb_shangpin where id='".$array[$i]."'");
        $info1=mysqli_fetch_array($sql1);
        $total=$total+$info1['huiyuanjia']*$arraysl[$i];
    ?>
        <tr>
  <td height="25" bgcolor="#FFFFFF"><div align="left">  <?php echo $info1
['mingcheng'];?></div></td>
  <td height="25" bgcolor="#FFFFFF"><div align="center"><?php if($info1['shuliang']<0) echo "
售完"; else echo $arraysl[$i];?></div></td>
   <td height="25" bgcolor="#FFFFFF"><div align="center"><?php echo $info1
['shichangjia'];?></div></td>
   <td height="25" bgcolor="#FFFFFF"><div align="center"><?php echo $info1
['huiyuanjia'];?></div></td>
    <td height="25" bgcolor="#FFFFFF"><div align="center"><?php echo $info1
```

```
['huiyuanjia'];?></div></td>
  <td height="25" bgcolor="#FFFFFF"><div align="center"><?php echo ceil(($info1
['huiyuanjia']/$info1['shichangjia'])*100);?>%</div></td>
  <td height="25" bgcolor="#FFFFFF"><div align="center"><?php echo $info1['huiyuanjia']*
$arraysl[$i];?></div></td>
    </tr>    //      动态显示订单
```

10.4.5 用户管理页面

无论是注册用户还是管理员，都需要进行管理，只有把注册用户和管理员区分开来，并加以系统管理，才能使网站的运作更加顺利。其中更改管理员信息页面如图 10-13 所示。

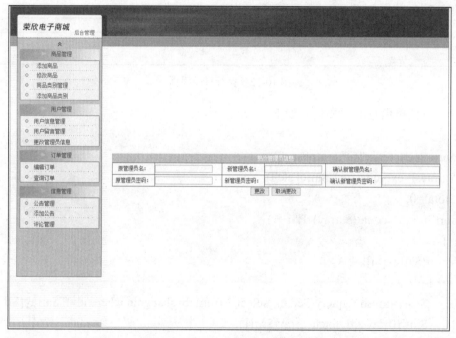

图 10-13　更改管理员信息页面

更改管理员信息的代码文件名为 changeadmin.php，主要代码如下：

```javascript
<script language="javascript">
 function chkinput(form)
  {
    if(form.n0.value=="")
      {
        alert("请输入用户名!");
        form.n0.select();
        return(false);
            }
    if(form.n1.value!="")
```

```
    {
      if(form.n1.value==""||form.n2.value=="")
       {
          alert("请输入新用户名或确认用户名!");
          form.n1.select();
          return(false);
        }
      if(form.n1.value!=form.n2.value)
       {
          alert("新用户名与确认用户名不同!");
          form.n1.select();
          return(false);
            }
    }
    if(form.p0.value=="")
     {
        alert("请输入用户密码!");
        form.p0.select();
        return(false);
             }
         if(form.p1.value!="")
     {
      if(form.p1.value==""||form.p2.value=="")
       {
          alert("请输入新用户密码或确认密码!");
          form.p1.select();
          return(false);
        }
      if(form.p1.value!=form.p2.value)
     {
          alert("新用户密码与确认用户密码不同!");
          form.p1.select();
          return(false);
             }
     }
    return(true);
  }
</script>
```

小　　结

　　本章介绍了如何使用 PHP 和 MySQL 来构建一个商城购物系统，详细地介绍了一个商城购物系统应具备的基本功能及如何用 PHP 来实现这些功能。通过本章的学习，读者对如何用 PHP 构建商城有了进一步的认识。本章所创建的商城购物功能有限，希望学完本书的读者有能力来进一步丰富它的功能。

第 11 章

综合案例——网络考试系统

 知识要点:

- 网络考试系统的需求分析和功能设计
- 数据库设计
- 功能设计

 本章导读:

前面的各章介绍了 PHP5 的技术和一些简单的应用，但没有涉及如何利用 PHP 来开发一个完整的网站实例。要开发一个网站，首先要对整修网站的布局进行规划，划分不同的功能结构，然后才能编程。本章通过一个网络考试系统应用实例，介绍如何综合利用 PHP、MySQL、JavaScript 等知识来设计一个动态网站。

11.1　网络考试系统的需求分析和功能设计

随着计算机网络技术，特别是 Internet 技术的发展和普及，对高校的教学考试方式带来了重大的影响。许多高校正在对考试方式进行改革，从传统的考试方式逐渐过渡到网络考试，或者两种考试方式并存。基于 Web 技术的网络考试系统可以借助于遍布全球的 Internet 进行，因此，网络考试既可以在本地进行，也可以在异地进行，考试形式更加灵活。

网络考试具体有以下优点：

① 纯 B/S 架构考试系统，只需要将系统安装服务器上，考生就可以通过网页地址访问进行考试，甚至可以做到用手机浏览网页进行考试，方便快捷。

② 管理员管理考生端非常强大，可以查看考生试卷，可以给主观题进行人工批阅试卷，可以开放是否让考生自我练习模拟考试，可以给考生、学员下达学习任务。

③ 考生考试有严格的身份验证，也有各种防作弊工作。

④ 管理员组卷十分简单，甚至可以做到有重复试题警告，领先传统考试一大截。

⑤ 客观题系统自动进行判别，考试结果可以设置立即显示或是之后再进行显示。

⑥ 考试后，老师可对学生的成绩进行综合分析。

在网络考试中，涉及三种不同的用户：学生、教师和管理员，他们的职能各不相同。学生进入网络考试系统，参加课程的考试，查看自己的成绩；教师能够在考试系统中添加试题、评阅学生答卷、提交成绩；管理员能够注册学生信息、管理教师信息、安排课程的考试时间等。所有这些数据都存储到服务器的数据库中。

本章以 PHP 为编程脚本语言，MySQL 为后台数据库，Apache 为 Web 服务器，开发一个为老师提供手工命题，满足上三种不同用户要求的网络考试系统。

网络考试系统的功能结构如图 11-1 所示，下面简单介绍各个功能。

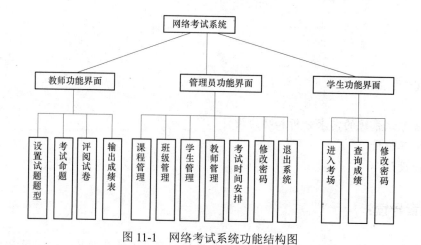

图 11-1　网络考试系统功能结构图

1. 管理员功能部分

管理员负责对学生、教师身份及课程、班级、试题、考试时间等进行全面的管理。其功能包括：

① 课程管理。能够完成添加、删除和修改课程信息。

② 班级管理。能够完成添加、删除和修改班级信息。

③ 学生管理。能够添加、删除和修改学生基本信息。为了在考试中能够核对学生身份，还应提供学生照片的上传和显示功能。

④ 教师管理。能够添加、删除和修改教师登录信息。

⑤ 考试时间安排。安排课程在某天的某段时间进行考试，指定参加考试的班级。

⑥ 修改密码。管理员和教师都可以修改自己登录的密码。

⑦ 退出系统。管理员、教师和学生使用完考试系统后，执行退出功能，以清除相关数据。

2. 教师功能部分

教师的主要工作是完成试卷的命题和评阅答卷。其功能包括：

① 设置试题题型：教师在给一门课程的试题输入题目之前，首先要添加一份试题，设置好该试题所包含的题型。其中只自动添加三种客观题型：单项选择题、多项选择题和判断题。

② 考试命题：教师根据所选择的课程试题，给该份试题添加、修改和删除各种题型的题目。

③ 评阅试卷：教师根据所选择的试卷和班级，对一个班的学生的答卷逐份进行评阅，生成学生的课程考试成绩。

④ 输出成绩表：教师根据所选择的课程和班级，输出一个班的课程成绩表。

3. 学生功能部分

学生功能部分包括：

① 进入考场：管理员安排好课程的考试时间后，学生在指定的时间前登录，进入考试系统，使用"进入考场"功能，准备开始某一门课程的考试。当到达考试开始时间，自动地从服务器读取试题，传输到学生端的浏览器，学生即可答题。

② 查询成绩：学生可以查询自己参加的各门课程的考试成绩。

11.2 数据库设计

在 MySQL 数据库系统中建立一个名为 exam_db 的数据库，存放考试系统中与课程、学生、教师、试题、答卷相关的数据。该数据库包含以下数据表。

1. course 表

course 表存储各门课程的基本信息。其表结构见表 11-1，主键为 course_id。

表 11-1　course 表结构

字段名	类型	是否 NULL	附加属性	含义
course_id	int(4)	否	auto_increment	课程号
course_name	varchar(10)	否		课程名称

2. teachuser 表

teachuser 表存储教师登录的信息，表结构见表 11-2，主键为 t_id。

表 11-2　teachuser 表结构

字段名	类型	是否 NULL	附加属性	含义
t_id	int(5)	否	auto_increment	序号
t_userid	varchar(20)	否	unique key	教师用户名
t_username	varchar(20)	否		教师姓名
t_pwd	varchar(45)			密码
t_usertype	varchar(20)			教师类别
说明： ① 密码用 password（"明密码"）来加密。 ② t_usertype 为教师类别，分为管理员和教师两种。 ③ 第一次访问本系统时，自动添加管理员登录账号，用户名和密码都是 admin。				

3. class 类

class 表存储班级信息，表结构见表 11-3，主键为 class_id。

表 11-3　class 表结构

字段名	类型	是否 NULL	附加属性	含义
class_id	int(10)	否	auto_increment	班级序号
enroll_year	int(4)	否		入学年度
classname	varchar(3)	否		班级名称

4. student_user 表

student_user 表存储学生的基本信息，表结构见表 11-4，主键是 s_id。

表 11-4　student_user 表结构

字段名	类型	是否 NULL	附加属性	含义
s_id	int(12)	否	auto_increment	学生序号
s_xh	varchar(16)	否	unique key	学号
s_name	varchar(14)	否		姓名
s_pwd	varchar(45)	否		密码
s_class_id	int(10)	否		班级序号
s_photo	mediumblob			照片

5. exam_type 表

exam_type 表存储各门课程的试卷题型，表结构见表 11-5，主键为 id。

表 11-5　exam_type 表结构

字段名	类型	是否 NULL	附加属性	含义
id	int(4)	否		序号
exam_id	varchar(26)	否	unique key	试卷编号
exam_type_id	int(4)	否		题型号
exam_type_name	varchar(30)	否		题型名称
exam_type_desc	text			题型描述
auto_grade	int(1)	否		是否自动评分

说明：

① auto_grade 列的值为 1（自动评分）或 0（人工评卷）。

② 当添加一份试卷时，自动添加三种题型：单项选择题、多项选择题、判断题。

6. exam_info 表

exam_info 表存储试卷基本信息，表结构见表 11-6。

表 11-6   exam_info 表结构

字段名	类型	是否 NULL	附加属性	含义
course_id	int(4)	否		课程号
exam_id	varchar(26)	否	unique key	试卷编号
exam_title	varchar(250)	否		试卷名称
exam_header	text			试卷头部标题
exam_t_userid	varchar(20)			命题教师用户名
exam_t_name	varchar(20)			教师姓名
exam_prop_date	date			命题日期
exam_audit	int(1)			是否已提交试题

7. exam_score 表

exam_score 表存储学生各门课程的成绩，表结构见表 11-7，主键是 id。

表 11-7   exam_score 表结构

字段名	类型	是否 NULL	附加属性	含义
id	int(12)	否	auto_increment	序号
s_xh	char(16)	否		学号
course_id	int(4)	否		课程号
exam_id	varchar(26)	否		试卷编号
score	decimal(7,1)			课程成绩

8. exam_test 表

exam_test 表存储每份试题的题目、标准答案和标准分值，表结构见表 11-8，主键是 st_id。

表 11-8   exam_test 表结构

字段名	类型	是否 NULL	附加属性	含义
st_id	int(12)	否	auto_increment	题目序号
exam_id	varchar(26)	否	unique key	试卷编号
tk_type_id	int(4)	否		题型号
tk_content	text			题目内容或标题
tk_option1	text			题目选项 1
tk_option2	text			题目选项 2
tk_option3	text			题目选项 3
tk_option4	text			题目选项 4

续表

字段名	类型	是否 NULL	附加属性	含义
tk_option5	text			题目选项 5
tk_option6	text			题目选项 6
tk_pic	mediumblob			题目插图
tk_ans	text			答案
tk_ans_pic	mediumblob			答案插图
standard_score	decimal(7,1)			标准分值
auto_grade	int(1)		默认值 0	是否自动评分

9. exam_time 表

exam_time 表存储各门课程的考试时间，表结构见表 11-9，主键是 exam_id。

表 11-9　exam-time 表结构

字段名	类型	是否 NULL	附加属性	含义
course_id	int(4)	否	auto_increment	课程号
exam_id	varchar(26)	否		试卷编号
exam_class	text			考试班级号
exam_date	date			考试日期
exam_starttime	time			考试开始时间
exam_endtime	time			考试结束时间
exam_timelen	int			考试时长（分钟）

10. stud_exam_ans 表

stud_exam_ans 表存储学生的答卷内容，表结构见表 11-10，主键是 id。

表 11-10　stud_exam_ans 表结构

字段名	类型	是否 NULL	附加属性	含义
id	int(4)	否	auto_increment	序号
s_xh	char(16)	否		学号
course_id	int(4)	否		课程号
exam_id	int(12)	否		试卷编号
st_id	int(12)	否		题目序号

字段名	类型	是否 NULL	附加属性	含义
stud_ans	text			学生答案
stud_ans_pic	blob			学生答案插图
stud_score	decimal(7,1)			该题学生得分
t_userid	varchar(14)			评卷教师姓名

11.3 全局变量和公共模块

网络考试系统的工作流程如图 11-2 所示。首先显示主页，然后进入登录页面，如图 11-3 所示。在登录页面中，选择用户类别，输入用户名（或学号）和密码，进行用户身份的合法性验证。如果用户合法，则进入相应的页面，如图 11-4～图 11-6 所示。

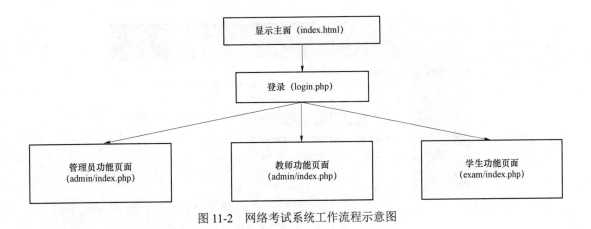

图 11-2 网络考试系统工作流程示意图

图 11-3 登录页面

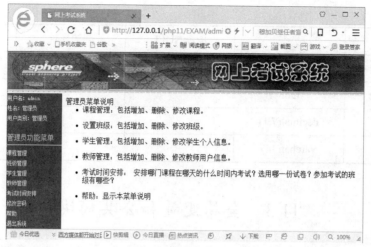

图 11-4　管理员功能页面

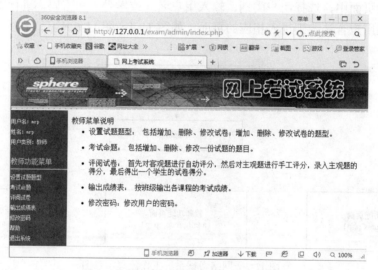

图 11-5　教师功能页面

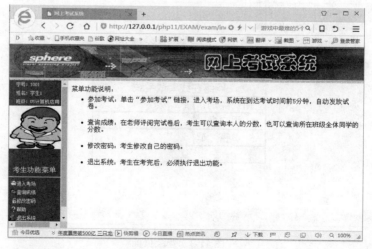

图 11-6　学生功能页面

网站的目录结构是：admin 子目录存放教师和管理员执行的所有程序，exam 子目录存放学生执行的所有程序，js 子目录存放外部的 CSS 文件和 JavaScript。

11.3.1　全局变量

为了在考试系统的所有程序中获取当前用户的信息，采用 SESSION 变量存储用户登录的信息。这些 SESSION 变量为$_SESSION["xh"]、$_SESSION["name"]、$_SESSION["classname"]，分别存放学生的学号、姓名、班级名称；$_SESSION["t_userid"]、$_SESSION["name"]分别存放教师或管理员的用户名和姓名。因此，在每一个 PHP 脚本程序的开头，必须加入以下语句，以便引用 SESSION 变量。

```
session_start( );
```

11.3.2　公共模块

1. 连接 MySQL 服务器程序（conn.php）

该程序建立与 MySQL 服务器的连接，打开 exam_db 数据。程序中的$host、$user、$passwd 变量的值应根据所使用的 MySQL 服务器来更改。代码如下：

```
<?
$host="localhost";
$user="root";
$passwd="123456";
$db="exam_db";
$conn=mysql_connect($host,$user,$passwd) or die("连接 MySQL 服务器失败");
mysql_selectdb($db);
mysql_query("set names 'gbk'");
?>
```

在每一个 PHP 程序的开头，通过以下语句引用 conn.php 程序：

```
require("../conn.php");
```

2. 退出系统程序（logout.php）

退出程序用来删除 SESSION 变量，返回主页面，以便其他用户能够登录系统。代码如下：

```
<?
//include "mysqlsessionhandler.php";
session_start( );
session_destroy( );
$_SESSION=array( );
?>
<script language="JavaScript">
top.location.href="./index.html";
</script>
```

11.4 管理员功能的程序

根据设计的功能结构和数据库结构，从本节起，介绍一些主要功能的实现过程和程序。

11.4.1 课程管理

课程管理程序（admin_course.php）实现增加、删除和修改课程信息，将课程信息保存到 course 表。其页面分为两部分：上面部分是一个表单，用来增加课程；下面部分显示当前已定义的课程。页面运行效果如图 11-7 所示。

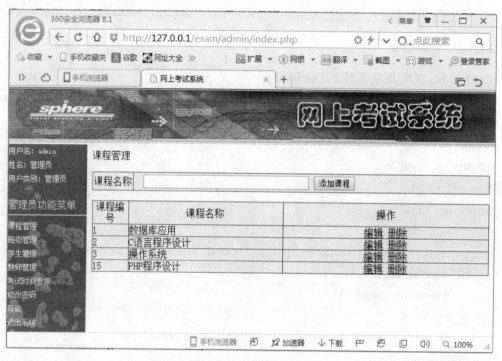

图 11-7　课程管理页面

单击"添加课程"按钮，提交表单数据，调用 admin_course_insert.php 程序，完成课程的插入。

"编辑"操作通过超链接，定位到 admin_course_edit.php 程序，由该程序完成课程的修改。"删除"操作通过超链接，定位到 admin_course_del.php 程序，删除指定的课程。这两个程序的代码比较简单，在此略述。

11.4.2 班级管理

班级管理程序（admin_class.php）实现增加、删除和修改班级信息，将班级信息保存到 class 表。其页面分为两部分：上面部分是一个表单，用来增加班级；下面部分显示当前已经设置的班级。页面运行效果如图 11-8 所示。其代码与课程管理程序类似，操作也与课程管理的相似。

图 11-8　班级管理页面

11.4.3　学生管理

学生管理程序实现增加、删除和修改学生个人信息,将学生个人信息保存到 student_user 表。其页面分为两部分:上面部分是一个增加学生的表单,下面部分显示当前已经注册的学生。页面运行效果如图 11-9 所示。

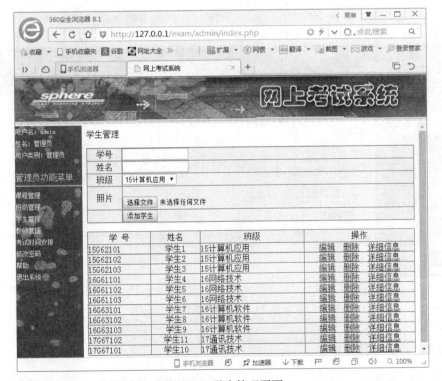

图 11-9　学生管理页面

1. 学生管理主程序（admin_student.php）

针对这个表单，应该注意的是，需要将表单的 enctype 属性值设置为"multipart/formdata"才能上传图片。为了让管理员在选择一个图片文件后，能够即时看到所选的图片，在表单中插入一个<img src=" "name="myphoto">。同时，在文件域标记中设置 onChange 事件代码，使<img>标记的图形来自所选择的图形文件，如下：

`<input name="photofile" type="file" onChange"="studentform1.myphoto.src=this.value;">`

2. 保存新增加的学生信息的程序

在图 11-9 中，单击"添加学生"按钮，提交表单的数据到 Web 服务器，由 admin_student_insert.php 程序接收表单的数据，把学生信息作为一个记录插入 student_user 表。

程序中，利用 fread( )函数以二进制方式读取上传的图形文件内容，然后用 bin2hex( )将用二进制数表示的图形转换为十六进制数，在 INSTERT 命令中使用十六进制数表示照片内容。

11.4.4　教师管理

教师管理程序（admin_teacher.php）实现增加、删除和修改教师信息，将教师信息保存到 teacheruser 表。程序内容与学生管理的程序类似。

其页面运行效果如图 11-10 所示。单击"编辑"链接，则调用 admin_teacher_edit.php 程序，修改指定教师的信息。单击"删除"链接，删除指定教师的信息。

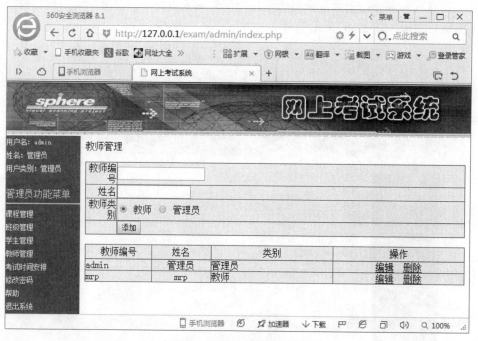

图 11-10　教师管理页面

11.4.5　考试时间安排

考试时间安排程序（admin_exam_time.php）用来设置每门课程的考试日期和时间。其运行界面如图 11-11 所示。它是一个表单，为了在"试卷名称"下拉列表中选择一份试卷后，能够在"考试课程""试卷编号""命题教师"这三个文本框中显示与试卷相应的内容，利用 PHP 和 JavaScript 结合编程，产生与这些表单元素对应的数组。

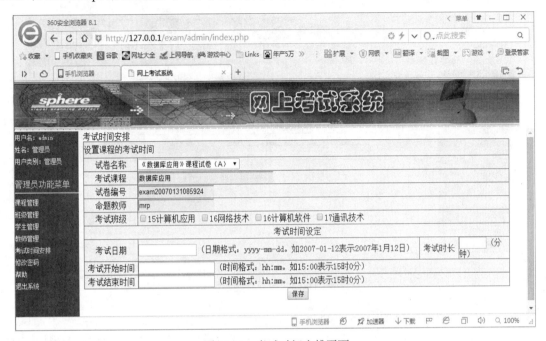

图 11-11　考试时间安排页面

这段程序从 exam_info 和 course 表中读取每份试卷的名称、编号及课程名、命题教师，动态生成 JavaScript 脚本的数组。JavaScript 的 select_exam( )函数用来改变表单中显示的考试课程、试卷编号、命题教师这三个文本框的值。

为了在表单的"试卷名称"下拉列表中选择一份试卷后，能够触发 select_exam( )函数，还需要给该下拉列表标记定义 onChange 事件代码，如下：

```
<select name="examid" onChange="select_exam(this.selectedIndex)">
```

在图 11-11 所示的表单中，输入考试时间后，单击"保存"按钮，提交表单，调用 admin_examtime_save.php 程序，将考试时间信息保存到 exam_time 表中，并将参加考试的班级学生信息添加到 exam_score 表。

11.5　教师功能的程序

11.5.1　设置试题题型

设置试题题型程序用来完成试题基本信息的添加、删除和修改，并设置试题的题型。

1. 设置试题题型主程序（teach_exam_type_step1.php）

此程序显示当前已经设置的试卷基本信息，如图 11-12 所示。单击"添加试卷"按钮，显示图 11-12 所示的页面。

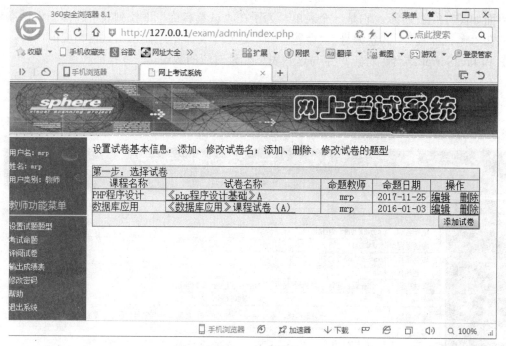

图 11-12　设置试题题型

2. 添加试卷程序（teach_exam_add.php）

此程序显示一个表单，如图 11-13 所示，输入试卷信息，单击"添加试卷"按钮，提交表单数据，再次调用本程序，将试卷信息添加到 exam_info 表。

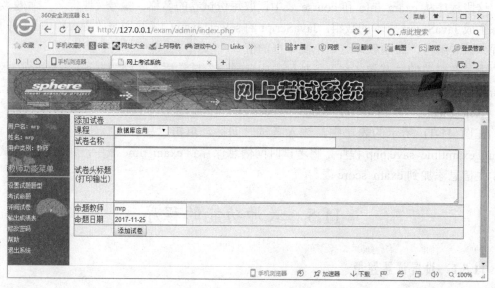

图 11-13　添加试卷表单

3. 编辑试卷程序（teach_exam_edit.php）

在图 11-12 所示的页面中，单击某一个"编辑"超链接，则调用 teach_exam_edit.php 程序，显示某一试卷的基本信息，以供修改，如图 11-14 所示。

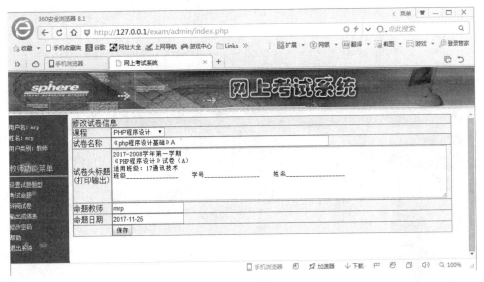

图 11-14　编辑试卷信息表单

4. 设置试题的题型（teach_exam_type_step2.php）

在图 11-12 所示的页面中，单击某一个试卷名称超链接，则调用 teach_exam_type_step2.php 程序，自动添加三种客观题型，如图 11-15 所示。

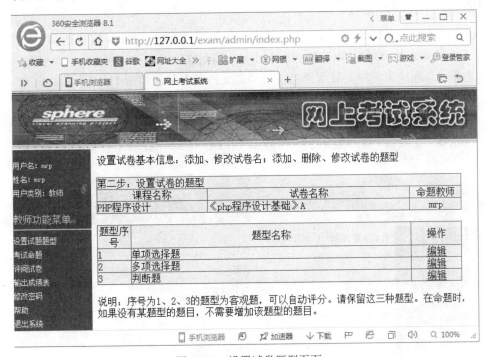

图 11-15　设置试卷题型页面

5. 修改题型程序（teach_exam_type_edit.php）

在图 11-15 所示的页面中，单击某一题型的"编辑"超链接，调用 teach_exam_type_edit.php，显示图 11-16 所示的表单，修改题型的说明。

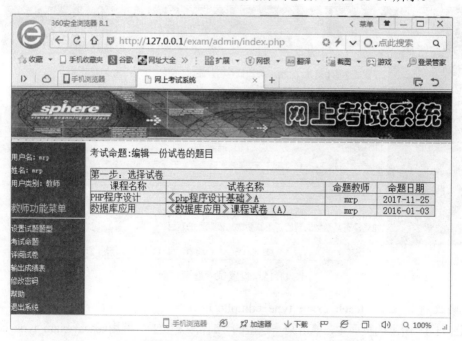

图 11-16　编辑题型信息页面

11.5.2　考试命题

考试命题的功能是给某一份试题输入题目、修改题目和删除题目，它包括以下几个程序。

1. 显示试卷名称的程序（teach_examtest_step1.php）

这是考试命题的第一步，显示出当前已经定义的试卷名，如图 11-17 所示。

图 11-17　显示试卷名称的页面

2. 显示试题的程序（teach_examtest_step2.php）

在图 11-17 所示的页面中，单击某一个试题名称，显示该试题的内容，如图 11-18 所示，显示当前已经添加的试题题目，供修改、删除和增加。

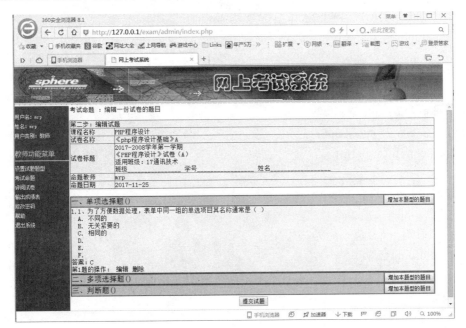

图 11-18　显示试题的页面

3. 增加单项选择题目的程序（teach_examtest_add_singlechioice.php）

该程序以所选试卷编号为参数，显示一个表单，输入题目内容、选项和答案。如果题目有插图，可以选择图形文件。程序内容如下：

```php
<?
session_start();
require("../conn.php");
$examid=$_REQUEST['examid'];
$sql="select * from exam_info,course where exam_id='".$examid."' and ";
$sql.="exam_info.course_id=course.course_id";
$rs=mysql_query($sql,$conn) or die("查询试卷失败");
$row=mysql_fetch_array($rs);
$coursename=$row['course_name'];
$exam_title=$row['exam_title'];
$exam_t_name=$row['exam_t_name'];

$sql="select * from exam_type where exam_id='{$_REQUEST['examid']}' and exam_type_id= {$_REQUEST['exam_type_id']}";
$rs=mysql_query($sql,$conn) or die("查询试卷失败");
$row=mysql_fetch_array($rs);
```

```php
$exam_type_id=$row['exam_type_id'];
$exam_type_name=$row['exam_type_name'];
$exam_type_desc=$row['exam_type_desc'];
$auto_grade=$row['auto_grade'];
?>
```

```html
<html>
<head>
<meta http-equiv="Content-Type" content="text/html; charset=gb2312">
<title>维护题库</title>
<Script Language=javascript>
function submitit(myform)
{
    if(myform.standard_score.value=="")
    {
        alert("标准分值不能为空！");
        return false;
    }
}

function Click(){
    alert('版权所有(C)　广西财经学院计算机与信息管理系');
    window.event.returnValue=false;
}
document.oncontextmenu=Click;
</Script>
<base onmouseover="window.status=";return true" onmouseout="window.status="">
<link href="../js/default.css" rel="stylesheet">

</head>
<body leftmargin="1" topmargin="1">
<form action="teach_examtest_insert.php" method="post" enctype="multipart/form-data"
name="tk_form" id="tk_form" onsubmit="return submitit(this);">
    <table width="100%" border="0" cellspacing="0" cellpadding="0">
        <tr>
            <td><font size="3">添加试卷的题目</font></td>
        </tr>
    </table>
    <table border="1" cellpadding="0" cellspacing="0" style="border-collapse: collapse"
bordercolor="#007CD0" width="98%" bgcolor="#F1F1F1">
        <tr>
            <td width="75"><div align="center">课程</div></td>
```

```
        <td width="890"><? echo $coursename;?></td>
    </tr>
    <tr>
        <td><div align="center">试卷名称</div></td>
        <td><? echo $exam_title;?></td>
    </tr>
    <tr>
        <td ><div align="center">题型</div></td>
        <td><? echo $exam_type_name."(".$exam_type_desc.")";?></td>
    </tr>
    <tr>
        <td><div align="center">题目</div></td>
        <td><table width="97%" border="0" cellspacing="0" cellpadding="0">
            <tr>
                <td width="8%"><div align="right">标题 </div></td>
                <td width="92%"><textarea name="tk_content" cols="100" rows="5"
id="textarea3"></textarea></td>
            </tr>
            <tr>
                <td><div align="right">题目附图</div></td>
                <td><font color="#339900"><font color="#FF0000"> <img name="pic" src=""
alt="题目附图">
                    <input name="tk_pic" type="file" id="tk_pic3" size="50"
onChange="tk_form.pic.src=this.value;">
                    </font><font color="#339900"><font color="#FF0000"> 如果该题目含有
图形，则选择图片文件。</font></font><font color="#FF0000">
                    </font></font></td>
            </tr>
            <tr>
                <td><div align="right">选项 A.</div></td>
                <td><textarea name="tk_option1" cols="100" id="textarea4"></textarea></td>
            </tr>
            <tr>
                <td><div align="right">选项 B.</div></td>
                <td><textarea name="tk_option2" cols="100" id="textarea5"></textarea></td>
            </tr>
            <tr>
                <td><div align="right">选项 C.</div></td>
                <td><textarea name="tk_option3" cols="100" id="textarea6"></textarea></td>
            </tr>
```

```html
              <tr>
                <td><div align="right">选项 D. </div></td>
                <td><textarea name="tk_option4" cols="100" id="textarea7"></textarea></td>
              </tr>
              <tr>
                <td><div align="right">选项 E.</div></td>
                <td><textarea name="tk_option5" cols="100" id="textarea8"></textarea></td>
              </tr>
              <tr>
                <td><div align="right">选项 F.</div></td>
                <td><textarea name="tk_option6" cols="100" id="textarea9"></textarea></td>
              </tr>
          </table></td>
      </tr>
      <tr>
        <td><div align="center">答案</div></td>
        <td><input type="radio" name="tk_ans" value="A">
          A      <input type="radio" name="tk_ans" value="B">
          B      <input type="radio" name="tk_ans" value="C">
          C      <input type="radio" name="tk_ans" value="D">
          D      <input type="radio" name="tk_ans" value="E">
          E      <input type="radio" name="tk_ans" value="F">
          F </td>
      </tr>
      <tr>
        <td><div align="center">标准分值</div></td>
        <td><input name="standard_score" type="text" id="standard_score" size="10"></td>
      </tr>
      <tr>
        <td><div align="center">命题人</div></td>
        <td><? echo $exam_t_name;?></td>
      </tr>
      <tr>
        <td colspan="2"><div align="center">
            <input name="examid" type="hidden" id="examid" value="<? echo $examid;?>">
            <input name="tk_type_id" type="hidden" id="tk_type_id" value="<? echo
$exam_type_id;?>">
            <input name="auto_grade" type="hidden" id="auto_grade" value="<? echo
$auto_grade;?>">
            <input name="Submit" type="submit" id="Submit" value="添加题目并返回">
```

```
             
            <input type="Submit" name="Submit" value="继续添加题目">
             
            <input name="Submit" type="reset" id="Submit12" value="重新输入" >
        </div></td>
      </tr>
    </table>
</form>
</body>
</html>
```

运行程序，显示的页面如图 11-19 所示，图中输入了一个单项选择题。

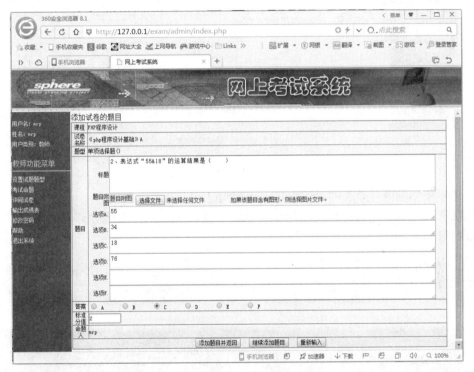

图 11-19　添加单项选择题的页面

4. 增加多项选择题目的程序（teach_examtest_add_multichoice.php）

该程序以所选试卷编号为参数，显示一个表单，输入多项选择题目的内容、选项和答案。如果题目有插图，可以选择图形文件。该程序与增加单项选择题程序相似，不同之处是将表单的单选择按钮改为复选框。

5. 保存试题题目的程序（teach_examtest_intert.php）

该程序将新增的单项选择题、多项选择题和判断题的题目内容保存到 exam_test 表。

11.5.3　评阅试卷

评阅试卷的功能是根据某一试卷的考生答卷，自动地计算每个学生各题的得分，然后汇总出该考生的课程考试成绩，存储到 exam_score 表。它包括以下几个程序。

1. 选择试卷程序（teach_grade_step1.php）

该程序显示要评阅的试卷名，以供选择。该程序的运行结果如图 11-20 所示。

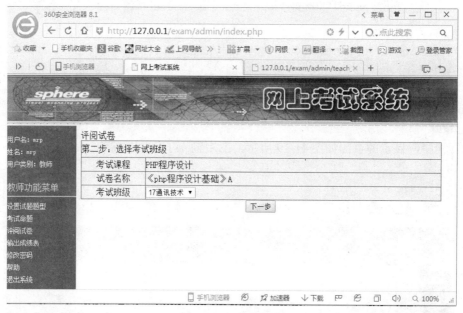

图 11-20　选择试卷页面

2. 选择考试班级程序（teach_grade_step2.php）

该程序从课程的考试班级中选择一个班级，以便对该班考生进行评卷。运行的页面如图 11-21 所示。

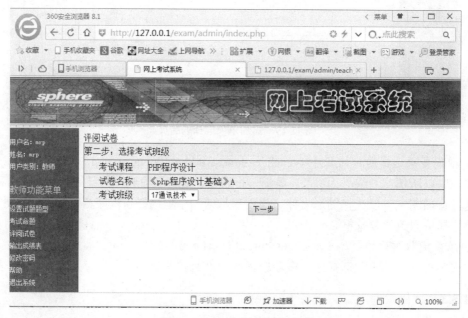

图 11-21　选择考试班级页面

3. 显示一个班考生成绩和操作程序（teach_grade_step3.php）

该程序根据前面所选的试卷和班级，显示一个班的课程成绩或者评卷操作。如果考生没有成绩，则显示"评卷"按钮，如图 11-22 所示。单击"评卷"按钮，则调用评卷程序 teach_grade_step4.php，显示该考生的客观题得分情况。

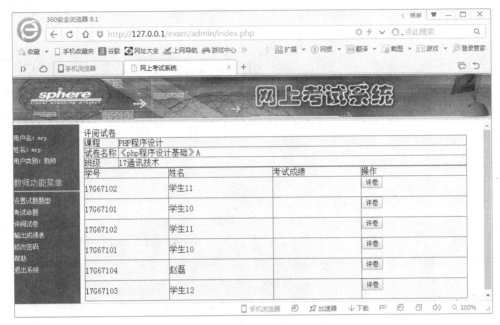

图 11-22　成绩页面

4. 评卷程序（teach_grade_step4.php）

该程序根据所选择的试卷编号、班级编号和考生学号，自动地计算该考生每题的得分，并显示每题得分。程序如下：

```php
<?
session_start();
require("../conn.php");
$examid=$_REQUEST['examid'];
$examtitle=$_REQUEST['examtitle'];
$xh=$_REQUEST['xh'];
$name=$_REQUEST['name'];
$coursename=$_REQUEST['coursename'];
$classname=$_REQUEST['classname'];
mysql_query("update stud_exam_ans set t_userid='".$_SESSION['name']."'",$conn);
//给客观题自动评分
$sql ="select id,standard_score,tk_ans,stud_ans,auto_grade ";
$sql.=" from stud_exam_ans,exam_test where s_xh='$xh'   and stud_exam_ans.st_id=exam_test.st_id ";
$sql.="and stud_exam_ans.exam_id='$examid' and auto_grade=1 order by tk_type_id";
```

```
$rs=mysql_query($sql,$conn);
while ($row=mysql_fetch_array($rs)) {
        if ($row["stud_ans"]==$row["tk_ans"]) {
                $update_sql ="update stud_exam_ans set stud_score=".$row['standard_score']."
where id=".$row['id'];
                mysql_query($update_sql,$conn);
        }else {
                mysql_query("update stud_exam_ans set stud_score=0 where
id=".$row['id'],$conn);
        }
}
?>
<html>
<head>
<meta http-equiv="Content-Type" content="text/html; charset=gb2312">
<META HTTP-EQUIV=Cache-Control CONTENT=no-cache, must-revalidate>
<META HTTP-EQUIV=pragma CONTENT=no-cache>
<META HTTP-EQUIV=expires CONTENT=Wed, 26 Feb 1990 08:21:57 GMT>
<base onmouseover="window.status='';return true" onmouseout="window.status=''">
<link href="../js/css.css" rel="stylesheet">
<title>评阅试卷</title>
</head>
<body leftmargin="1" topmargin="1">
<div align="center"><font color="#000000" size="5">评阅试卷 </font> </div>
<hr noshade color="#0055FF" size="1">
<table border="0" cellpadding="1" cellspacing="1" style="border-collapse: collapse"
bordercolor="#007CD0" width="97%" height="30" bgcolor="#F1F1F1">
    <tr>
      <td width="86" ><div align="right">课程名称： </div></td>
      <td colspan="5"   ><? echo $coursename;?> </td>
    </tr>
    <tr>
      <td ><div align="right">试卷名称： </div></td>
      <td colspan="5" ><? echo $examtitle;?></td>
    </tr>
    <tr>
      <td ><div align="right">班级： </div></td>
      <td width="203" ><? echo $classname;?></td>
      <td width="77" ><div align="right">学号： </div></td>
```

```php
      <td width="230" ><? echo $xh;?></td>
      <td width="77" ><div align="right">姓名： </div></td>
      <td width="285" ><? echo $name;?></td>
    </tr>
</table>
<br>
<form action="teach_grade_save.php" method="post" name="form1">
<?
$sql1 ="select * from exam_type where exam_id='".$examid."' order by exam_type_id";
$rs1=mysql_query($sql1,$conn) or die("查询题型错误");
$numbers="一二三四五六七八九十";
$i=1;
while ($row1=mysql_fetch_array($rs1)) {      //外循环：输出试卷的题型和题目
   $exam_type_id=$row1['exam_type_id'];
   $exam_type_name=$row1['exam_type_name'];
   $exam_type_desc=$row1['exam_type_desc'];
   $autograde=$row1['auto_grade'];
?>
    <table width="97%" border="1" cellpadding="0" cellspacing="0" bordercolor="#007CD0"
bgcolor="#F1F1F1">
        <?
//查询一个学生的某一题型的解题
    $sql2 ="select * from stud_exam_ans,exam_test where s_xh='$xh' and
stud_exam_ans.exam_id='".$examid;
    $sql2.="'" and tk_type_id=".$exam_type_id." and stud_exam_ans.st_id=exam_test.st_id";

    $rs2 =mysql_query($sql2,$conn) or die("查询试题失败 1");
    if (mysql_num_rows($rs2)>0) {    //有该题型的题目，则显示题目
?>
    <tr bgcolor="#FFCC00">
      <td><font size="4">
      <? echo substr($numbers,($i-1)*2,2)."、
".$exam_type_name."(".$exam_type_desc.")";?></font>
      </td>
    </tr>
    <tr>
      <td>
    <?
    if ($autograde==1) {
```

```
    ?>
        <table width="97%" border="1" cellpadding="0" cellspacing="0">
          <tr>
            <td width="10%">题号</td>
            <td width="19%">正确答案</td>
            <td width="27%">考生答案</td>
            <td width="18%">标准分</td>
            <td width="26%">考生得分</td>
          </tr>
          <?
          $sth=1;
          while ($row2=mysql_fetch_array($rs2)) { //内循环：显示该题型的题目
            ?>
          <tr>
            <td height="20"><? echo $sth;?> </td>
            <td><? echo $row2['tk_ans'];?> </td>
            <td><? echo $row2['stud_ans'];?> </td>
            <td><? echo $row2['standard_score'];?> </td>
            <td><? echo $row2['stud_score'];?> </td>
          </tr>
          <?
          $sth++;
          }//end of while($row2...)语句
          ?>
        </table>
        <? } ?>
      </td>
    </tr>
<?
  $i++;
  } // if (mysql_num_rows($rs2)>0)语句到此结束
?>
</table>
<?
}    //外循环至此结束
?>
<table width="97%" border="0">
   <tr>
     <td>
```

```
            <div align="center">
                <input name="examid" type="hidden" id="examid" value="<? echo
$examid;?>">
                <input name="xh" type="hidden" id="xh" value="<? echo $xh;?>">
                <input type="submit" name="Submit" value="完成评卷">
            </div>
        </td>
    </tr>
</table>
</form>
</body>
</html>
```

访问该程序，显示的页面如图 11-23 所示。

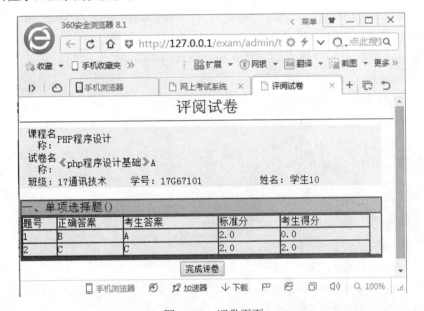

图 11-23　评卷页面

11.6　学生考试功能的程序

考生登录进入网络考试系统，参加考试、查看成绩。下面仅介绍参加考试功能的设计思想和程序实现。

进入考场功能是考生参加某一课程的考试。其设计思想是根据管理员设定的考试时间，在指定的时间内进行答题。如果考试开始时间已到，由系统自动地将试题传输到学生端的浏览器。当考试结束时间已到，或者考生单击了"交卷"按钮，则将考生的答题内容上传到服务器存储起来。

进入考场采用框架结构来显示，上框架显示试题，供考生解答，框架名为 examFrame；

下框架显示考试时间和剩余时间，框架名为 timeFrame。

1. 进入考场框架页面主程序（stud_exam_test.php）

该程序首先检查是否已到考试开始时间。如果未到考试开始时间，则不断显示当前时间和剩余时间。如果到达考试开始时间，则进入框架页面，显示试题和考试剩余时间。程序如下：

```
<?
session_start();
require("../conn.php");
date_default_timezone_set('PRC');     //设定时区为中国时区
$cur_date=date("Y-m-d");
$cur_time=date("H:i:s");
//查询今天当前开始的时段里是否有考试课程
$sql1 ="select * from exam_time,exam_info,course where exam_date=\"".$cur_date."\" and ";
$sql1.="(exam_starttime>=\"".$cur_time."\" or (exam_starttime<=\"".$cur_time."\" and
exam_endtime>\"".$cur_time."\")) ";
$sql1.=" and exam_time.exam_id=exam_info.exam_id and
exam_info.course_id=course.course_id ";
$sql1.=" and exam_class like \"%".$_SESSION['class_id']."%\"";
$rs1=mysql_query($sql1,$conn);
if (mysql_num_rows($rs1)<=0) {
    echo "今天没有考试课程。";
    exit;
}
//今天有考试课，测试是否到考试开始时间
$row1=mysql_fetch_array($rs1);
$examid=$row1['exam_id'];
$coursename=$row1['course_name'];
$starttime=$row1['exam_starttime'];
$timelen=$row1['exam_timelen'];
$endtime=$row1['exam_endtime'];
$examdate=$row1['exam_date'];
//考试开始时间的年、月、日、时、分、秒
$year=substr($examdate,0,4);
$month=substr($examdate,5,2);
$day=substr($examdate,8,2);
$hour1=substr($starttime,0,2);
$minute1=substr($starttime,3,2);
$second1=substr($starttime,6,2);
//考试结束时间的时、分、秒
```

```php
$hour2=substr($endtime,0,2);
$minute2=substr($endtime,3,2);
$second2=substr($endtime,6,2);

$startseconds=mktime($hour1,$minute1,$second1,$month,$day,$year);    /*考试开始时间的
秒数*/
$endseconds = mktime($hour2,$minute2,$second2,$month,$day,$year);    /*考试结束时间的
秒数*/

$now=time();    //当前时间的秒数
$now_ms=$now*1000;    //当前时间的毫秒数
$startseconds_ms=$startseconds*1000;    //考试开始时间的毫秒数
/*如果未到考试开始时间，则不断测试时间，直到考试开始时间，提交表单，重新调用
本程序 stud_exam_test.php，以便下载试题*/
if ($now < $startseconds) {
    $lefttime=($startseconds - $now)/60;
?>
<html>
<head>
<meta http-equiv="Content-Type" content="text/html; charset=gb2312">
<script language="Javascript">
hoursms=60*60*1000;
minutesms=60*1000;
secondms=1000;
//下面 2 行代码将服务器时间信息传递给客户机脚本程序
nowTime=new Date(<? echo $now_ms;?>);
startTime=new Date(<? echo $startseconds_ms;?>);
diffms=startTime.getTime()-nowTime.getTime();
//confirm(nowTime+"\n"+startTime+"\n"+diffms);
function timeCount()
{
    totalms=diffms;
    leftHours=Math.floor(totalms /hoursms);
    totalms -= leftHours *hoursms;
    leftMinutes=Math.floor(totalms/minutesms);
    totalms -= leftMinutes * minutesms;
    leftSeconds=Math.floor(totalms /secondms);
    diffms-=1000;
    timestr=leftHours+"小时"+leftMinutes+"分"+leftSeconds+"秒";
```

```
        if (leftHours==0 && leftMinutes==0 && leftSeconds==0)
        {
            document.timeform.submit();
        }
        else
        {
            document.all.time1.innerHTML=timestr;
        }
        setTimeout("timeCount()",1000);
    }
    window.onload=timeCount;
</script>
<title>服务器倒计时</title></head>
<body>
<?
echo "考试课程: ".$coursename;
echo "<br>试卷编号: ".$row1['exam_id'];
echo "<br>试卷名称: ".$row1['exam_title'];
echo "<br>考试日期: ".$examdate;
echo "<br>考试时间: ".$starttime."--".$endtime." 共(".$timelen.")分钟";
?>
<form action="stud_exam_test.php" method="post" name="timeform" id="timeform">
<table width="100%" border="0" cellpadding="2" cellspacing="2" bgcolor="#CCFFFF">
    <tr>
        <td width="41%">未到考试开始时间，距离考试开始时间，还剩下</td>
        <td width="14%"><div style="font-size:12pt;color:red" align="left"><span
id="time1"></span></div></td>
        <td width="45%">请稍候...</td>
    </tr>
</table>
</form>
</body>
</html>
<?
    exit;
} else if ($now < $endseconds) {
?>
<html>
<head>
```

```
<meta http-equiv="Content-Type" content="text/html; charset=gb2312">
<title>网上考试</title>
</head>
<frameset rows="95%,*" cols="*" framespacing="0" frameborder="NO" border="0">
    <frame src="stud_test_display.php?call=stud_test_display.php&examid=<? echo
$examid;?>" name="examFrame" scrolling="yes" id="examFrame" >
    <frame src="time_to_0.php" name="timeFrame" scrolling="no" id="timeFrame">
</frameset>
<noframes><body>

</body></noframes>
</html>
<?
    exit;
} else if ($now > $endseconds) {
    echo "<br>考试时间已过，无法答题！";
    exit;
}
exit;
?>
```

访问程序，显示的页面有图 11-24 和图 11-25 两种。

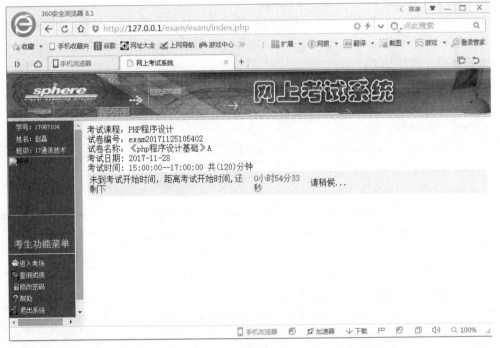

图 11-24　考试时间未到的页面

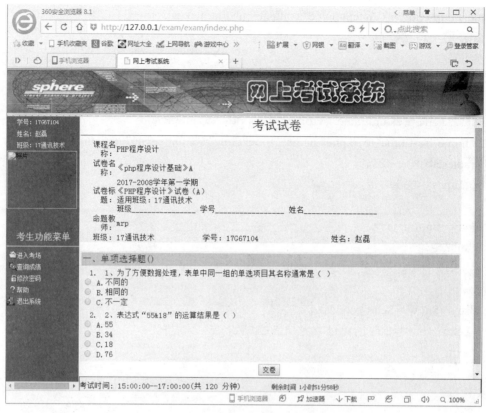

图 11-25　开始考试的页面

2. 考试时间倒计时程序（time_to_0.php）

该程序根据 exam_time 表中当天考试时间的安排，显示当前考试时间和考试剩余时间。一旦考试时间结束，通过调用 JavaScript 脚本程序，自动提交上框架的考生答卷内容，传送到 Web 服务器。程序如下：

```php
<?
session_start();
require("../conn.php");
date_default_timezone_set('PRC');     //设定时区为中国时区
$cur_date=date("Y-m-d");
$cur_time=date("H:i:s");
$sql1 ="select * from exam_time,exam_info,course where exam_date=\"".$cur_date."\" and ";
$sql1.="(exam_starttime>=\"".$cur_time."\" or (exam_starttime<=\"".$cur_time."\" and
exam_endtime>\"".$cur_time."\")) ";
$sql1.=" and exam_time.exam_id=exam_info.exam_id and
exam_info.course_id=course.course_id ";
$sql1.=" and exam_class like \"%".$_SESSION['class_id']."%\"";
$rs1=mysql_query($sql1,$conn);
if (mysql_num_rows($rs1)<=0) {
```

```
    echo "今天没有考试课程。";
    exit;
}
$row1=mysql_fetch_array($rs1);
$examid=$row1['exam_id'];
$coursename=$row1['course_name'];
$starttime=$row1['exam_starttime'];
$timelen=$row1['exam_timelen'];
$endtime=$row1['exam_endtime'];
$examdate=$row1['exam_date'];
$year=substr($examdate,0,4);
$month=substr($examdate,5,2);
$day=substr($examdate,8,2);
$hour1=substr($starttime,0,2);
$minute1=substr($starttime,3,2);
$second1=substr($starttime,6,2);

$hour2=substr($endtime,0,2);
$minute2=substr($endtime,3,2);
$second2=substr($endtime,6,2);

$startseconds=mktime($hour1,$minute1,$second1,$month,$day,$year);   /*考试开始时间的
秒数*/
    $endseconds = mktime($hour2,$minute2,$second2,$month,$day,$year);    /*考试结束时间的
秒数*/
$exam_minutes=($endseconds - $startseconds)/60;

$now=time();    //当前时间的秒数
$now_ms=$now*1000;   //当前时间的毫秒数
$endseconds_ms=$endseconds *1000;   //考试结束时间的毫秒数
?>
<html>
<head>
<meta http-equiv="Content-Type" content="text/html; charset=gb2312">
<link href="../js/css.css" rel="stylesheet">
<script language="Javascript">
hoursms=60*60*1000;
minutesms=60*1000;
secondms=1000;
```

```
nowTime=new Date(<? echo $now_ms;?>);
startTime=new Date(<? echo $endseconds_ms;?>);
diffms=startTime.getTime()-nowTime.getTime();
function timeCount()
{
    totalms=diffms;
    leftHours=Math.floor(totalms /hoursms);
    totalms -= leftHours *hoursms;
    leftMinutes=Math.floor(totalms/minutesms);
    totalms -= leftMinutes * minutesms;
    leftSeconds=Math.floor(totalms /secondms);
    diffms-=1000;
    timestr=leftHours+"小时"+leftMinutes+"分"+leftSeconds+"秒";
    if (leftHours==0 && leftMinutes==0 && leftSeconds==0)
    {
            parent.examFrame.document.form1.submit();
            alter("考试时间已到,系统自动交卷!");
    }
    else
    {
        document.all.time2.innerHTML=timestr;
    }
    setTimeout("timeCount()",1000);
}
window.onload=timeCount;
</script>
<title>服务器倒计时</title></head>
<body bgcolor="#003399" leftmargin="1" topmargin="1">
<table width="100%" border="0" cellpadding="0" cellspacing="0" bgcolor="#CCFFFF">
  <tr>
    <td width="48%" height="34">考试时间: <? echo $starttime."--".$endtime."(共
$exam_minutes 分钟)";?>
        </td>
    <td width="37%"><div style="font-size:9pt;color:red">剩余时间 <span
id="time2"></span></div></td>
    <td width="15%"> </td>
  </tr>
</table>
</body>
```

小　　结

本章为读者介绍了利用 PHP 完成网络考试系统的设计。本系统中主要包括教师功能、管理员功能和学生功能。

习　　题

上机验证网络考试系统的各个程序。

习题答案

第 1 章

一、选择题

1. D   2. A   3. D   4. B   5. D

二、填空题

1. php.ini
2. <?或<?php、?>
3. php
4. 3306
5. 网络服务器

三、简答题

1. PHP 优势：PHP 几乎支持所有的操作系统平台及数据库系统，具有良好的跨平台特性；PHP 嵌入 HTML 语言中，且坚持以脚本语言为主，与 JAVA、C 等语言不同，语法简单，书写容易，方便学习掌握；PHP 占用系统资源少、代码执行速度快的特点也让它在互联网上得到了广泛的应用。应用领域：服务端脚本，命令行脚本，编写桌面应用程序，电子商务。

2. 常见的 Web 服务器：IIS、Apache、Tomcat、Jboss、Resin、Weblogic、WebSphere 等。

3. PHP、JSP、ASP、.NET 等。

四、上机操作

```
<html>
    <head>
            <title>我的第一个 PHP 页面</title>
    </head>
    <body>
            <?php
            echo "Hello World!";
                        ?>
        </body>
</html>
```

第 2 章

一、选择题

1. B   2. A   3. C   4. D   5. C

二、填空题

1. 4
2. 9
3. true   false
4. 1
5. 100
6. 3

三、简答题

1. PHP 支持 3 种风格的程序注释：单行注释（//）、多行注释（/*…*/）和 Shell 风格的注释（#）。注释的主要作用是提高程序的可读性，并且还有利于程序的后期维护工作。

2. :echo 是 PHP 语句，print 和 print_r 是函数，语句没有返回值，函数可以有返回值（即便没有用）。print()只能打印出简单类型变量的值（如 int，string），print_r()可以打印出复杂类型变量的值（如数组、对象）；echo 输出一个或者多个字符串。

3. 打印客户端 IP：echo $_SERVER['REMOTE_ADDR']，或者：getenv('REMOTE_ADDR')，打印服务器 IP：echo gethostbyname ("www.bolaiwu.com")。

第 3 章

一、选择题

1. A   2. B   3. D   4. C   5. C
6. A   7. B   8. C   9. D   10. A
11. A

二、填空题

1. do…while
2. 1 2 4 5 7 8 10
3. hotdogok
4. 很舒适
5. 周五周末

第 4 章

一、选择题

1. A   2. C   3. C   4. D   5. B
6. B   7. B   8. C   9. A   10. C
11. D

二、填空题

1. 整数，字符串
2. $array["yellow"]["orange"][1]
3. I like Singing, Dance and Piano.
4. array(1) { [1]=> string(1) "b" }
5. Array ([0] => 1 [1] => 2 [2] => 3)

第 5 章

一、选择题

1. A   2. A   3. A   4. D

二、填空题

1. echo   var_dump
2. rmdir
3. 判断变量信息，返回数据类型
4. china php mrkj

第 6 章

简答题

1. preg_match($pattern,$subject [,&$matches])，返回结果 0 或 1，因为 preg_match( )在第一次匹配后停止搜索。
2. preg_replace($pattern,$replacement,$subject)
3. preg_split($pattern,$subject)
4. $pattern = '/^[a-z\d_-]+@[a-z\d]+.[a-z]{2,3}$/i'
5. $pattern = '/^[a-z]\w{6,18}$/i'

第 7 章

一、填空题

1. Extends
2. 魔术方法
3. 析构
4. 抽象类
5. Abstract

二、判断题

1. 错
2. 错
3. 对
4. 对
5. 错

三、选择题

1. C   2. D   3. D   4. C   5. D

四、简答题

构造方法在类实例化对象时自动调用，用于对类中的成员进行初始化。析构方法在对象销毁之前自动调用，用于完成清理工作。

第 8 章

答案略

第 9 章

一、选择题

1. A   2. A   3. A

二、填空题

1. HTTP
2. POST

参 考 文 献

［1］程文彬. PHP 程序设计（慕课版）［M］. 北京：人民邮电出版社，2016.

［2］徐俊强. PHP MySQL 动态网站设计［M］. 北京：清华大学出版社，2015.

［3］孔祥盛. PHP 编程基础与实例教程［M］. 北京：人民邮电出版社，2016.

［4］传智播客. PHP+Ajax+jQuery 网站开发项目式教程［M］. 北京：人民邮电出版社，2016.